CONTENTS

【关于本书内容】

1. 本书内容系编辑部于 2016 年 5 月前实地采访所得并获准刊登的信息，包括竣工初期的状态及之后的更新和修改。
2. 本书涉及的各公司，其名称中所含“股份公司”、“有限公司”等称谓均做省略处理。
3. 本书所载一切内容均得到相关公司、商业设施、团体及供应方的许可。

TOILET 01

公共
洗手间的
创意设计

Public Toilet Space Design

[日]阿尔法图书 编

雷光程 译

北京迪赛纳图书有限公司 策划

华中科技大学出版社

http://www.hustp.com

中国·武汉

打造“用心接待”每一位来客的公共洗手间

公共洗手间应为城市中的每个人提供放心、清洁的服务。人们可以在这里放松身心、调整情绪，为接下来的行程进行准备。从 20 世纪 80 年代起，日本开始对公共洗手间进行集中整治，重点致力于解决“4K”（阴暗、肮脏、可怕、恶臭）问题。就在同一时期，日本国内也开始注重“都市居住舒适度改造”“提升女性社会地位”“为老龄人口和残障人士建设无障碍环境”“由量到质的价值观转变”等社会问题。随着整治进程不断推进，如今的公共洗手间追求打造干净、舒适的室内环境，基本能够满足来客补妆梳洗、更换婴儿尿布等各类需求。在一些商业设施中，公共洗手间则被视为吸引顾客的一项重要内容，在外观装饰方面相互竞争，不少洗手间成了顾客的休闲沙龙。在无障碍建设方面，从 2006 年起，伴随相关法律法规逐步健全，无障碍化标准也不断提升。近年来访问日本的外国游客数量大幅增长，2014 年已超过 1300 万人次——相较 10 年前数量已翻倍。2020 年，东京将举办夏季奥运会和残奥会。作为接待各国宾客的“名片”，如何进一步提升公共洗手间质量，再次成为舆论关注的热点。

最近常听到有海外游客赞扬“日本洗手间的品质居世界首位”。我们在自豪之余也要清楚地看到，当前日本的公共洗手间仍面临三大问题：一是因地区和场所不同，洗手间改造的进度和设施存在较大的差异，地方小镇的公共洗手间改造进度总体迟缓，学校、医院、自然公园的公共洗手间设施还比较落后；二是治安管理有待加强，随着国际化步伐不断加快，各个国家、各个地区的人员往来频繁，客观上带来一定的治安压力。公共洗手间作为人流量大的公共场所，在治安管理方面亟待制订详细预案；三是各地公共洗手间检修、维护的频率和程度不一。

现在常说的“以诚待客（Omotenashi）”，其核心在于热情地招待来宾。具体到公共洗手间来说，就是要让每一位使用者在使用过程中感到舒适和愉快。在网络社会中，即便是不太有名的景点，只要有游客“点赞”，就会有更多人愿意慕名前往、一睹风采。其中，公共洗手间是影响游客对景点评价的一项重要指标。因此，公共洗手间存在的地区间和场所间的差异问题不容忽视。对于土生土长的日本人来说，找到舒适的公共洗手间不是一件难事，但对于初来乍到的外国游客来说，如果他们情急之下就近来到某些条件不理想的公共洗手间，很有可能对“日本洗手间的品质居世界首位”这一说法产生质疑。因此，尽量缩小相关差异，让所有的公共洗手间真正做到用心接待每一位来客，这才是我们业界人士的重要任务。

得益于相关案例和信息十分丰富，如今要建造一座有设计感、竣工时获得高评价的洗手间并非难事。但如何将竣工初期的舒适度一直保持下去，仍是一个值得关注的课题。总之，规划者、设计者、维护者、管理者应携手努力，共同致力于改善公共洗手间的使用环境。

设计事务所 GONDOLA 代表　小林纯子

TOILET 02

TOILET 03

Toilet 01

自然与和谐

Shopping Center

来之不厌的洗手间

地点：GRAND FRONT 大阪商业中心 南馆 3 层
大阪府大阪市北区大深町 4 番 20 号

建筑面积：约 80 ㎡

设计公司：三菱地所设计
施工公司：大林组
管理部门：阪急电铁
室内设计：丹青社
标志设计：八岛设计事务所

设计说明：
这是一家拥有约 270 家商户、卖场面积约 44000 ㎡的商业设施。为了方便顾客购物之余稍事休息，公司特意设计了一处安心舒适、特色鲜明、让人来之不厌的休息区。针对在时尚潮流领域有较高品位的女性，洗手间在设计上采用了象征主义手法。为使每位顾客有宾至如归感，我们在拟订建设方案时，除了聘请专业的设计人员外，还召集了公司全体女性员工参与讨论。通过集思广益，努力地在室内装饰和设备安装上做到精益求精。

01. 沙发休息区
采光充足、宽敞明亮的沙发休息区。
选用高级室内家具陈设，摆放最新杂志，专为女性顾客放松身心而准备。

02. 入口（女士洗手间）
墙上挂着提示前方是女性专用化妆室的艺术作品和“ladies room”标志

03. 标志（女士洗手间）

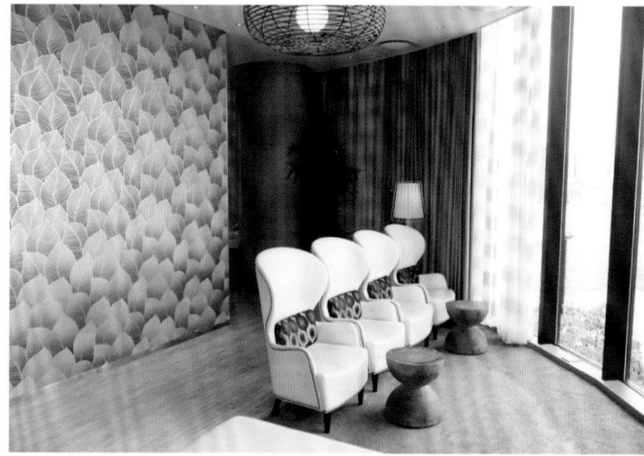

04. 休息区（女士洗手间）

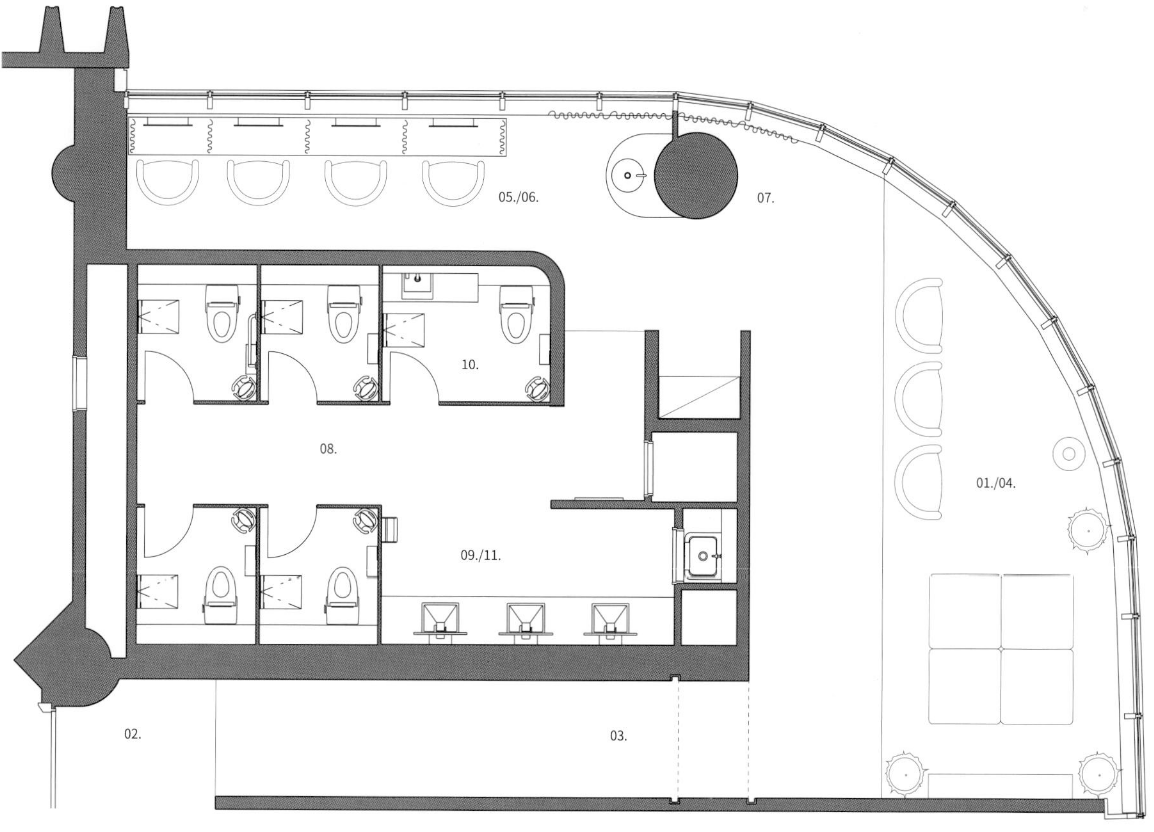

平面图

05. 化妆角（女士洗手间）

宽敞的梳妆台和藤椅组成的化妆角，供顾客轻松地补妆。自然光透过蕾丝窗帘柔和地照进室内，使整个空间显得明亮、宽敞。

06. 化妆角（女士洗手间）

07. 标志（女士洗手间）
自然明了地引导顾客走入充满曲线美和被柔和质感壁纸包裹的空间。

08. 单人隔间（女士洗手间）
各单人隔间均装有更衣用踏板及婴儿座椅，空间宽敞。顾客能够在这处带盥洗功能的独立全功能洗手间中度过一段轻松、愉快的时光。

09. 盥洗池（女士洗手间）
马赛克拼贴使墙面具有日本传统折纸工艺风格的凹凸感。
瓷砖在间接光源照射下尽显柔和与宁静。

10. 多功能洗手间

11. 单人隔间与盥洗池（女士洗手间）

Shopping Center

精致的女性艺术工作室风格洗手间

地点：涩谷 MODI 4 层
京都谷区神南 1 丁目 21-3

设计公司：AIM 创意（永岛、岩本、金子）
照明设计：AIM 创意（今子）
标志设计：AIM 创意（名取）
施工公司：AIM 创意
摄影：Nacasa & Partners【01./08.】

设计说明：
结合所在商业设施“建设智能商业空间”内涵，设计师设计了这所能够满足顾客多样化需求的洗手间。与所在商业设施总体设计理念“Mix Chic + Time Less”（丰富别致和高效省时）一样，洗手间拥有宁静、舒适的环境氛围，建筑材料随时间推移韵味渐显，灯具结合了古典与现代创意，花草按植物细密画风格立体种植，标志符号尽显原创色彩。

01. 入口（女士洗手间）
按植物细密画风格立体化种植的花草。

02. 单人隔间

03. 指示标志
特地制作的原创标志符号。作为衬底的粗斜纹布材料能够随着时间推移，不断突显出“年代感”。

04. 单人隔间标志（婴儿尿布更换台）

05. 标志（多功能洗手间）

06. 多功能洗手间

07. 单人隔间（更衣用踏板）

08. 化妆室（女士洗手间）
商业设施内面积最大的化妆室。

09. 盥洗池（女士洗手间）

10. 单人隔间（女士洗手间）

11. 化妆角（女士洗手间）

12. 化妆角（女士洗手间）

Shopping Center

仿照老式客船风格的洗手间

地点：MARINE & WALK YOKOHAMA
神奈川县横滨市中区新港 1 丁目 3 番 1 号

建筑面积：男性 26.95 ㎡、女性 33.16 ㎡

设计公司：R・I・A 东京分社、
鹿岛建设（横滨分店）
施工公司：鹿岛建设（横滨分店）

设计说明：
受美国西海岸建筑风格影响，这所洗手间所在的商业设施将“高质量的时间”“开放感”作为设计的核心理念。
这一理念在洗手间的设计上也得到了体现。空间面积有限，如何兼顾功能性与舒适感，是设计师需要重点突破的难题。受所在商业设施“MARINE & WALK YOKOHAMA”（海洋漫步・横滨）名称启发，洗手间整体仿照老式客船风格进行设计。装饰方面，这里铺有充满怀旧气息的木地板，墙面上使用有明显客船风格的灯具、灰浆、帆布加以装饰，单人隔间安装的也是木质隔板。在充分考虑方便清洁和使用便利的同时，体现出别出心裁的设计理念。
等待时间过长是许多购物中心洗手间亟待解决的问题之一。为尽量减轻顾客在等待过程的焦虑感，在顾客最可能停留的场所展示互动式动画投影、绳结浮雕装饰、创意概念椅子等艺术品，为等待中的顾客提供一处放松身心的“艺术鉴赏空间”。

01. 入口

02. 墙面艺术　动画投影

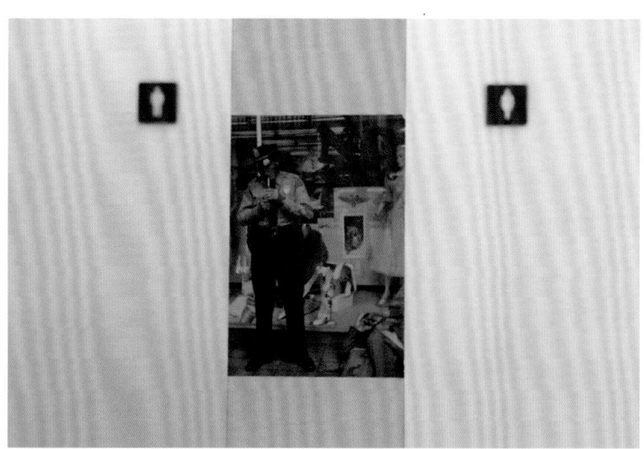

03. 标志　休闲风格的禁烟标志

04. 入口

05. 盥洗池（女士洗手间）

06. 地板使用老木料铺设，灯具充满船舶风格（女士洗手间）。

07. 单人隔间标志（婴儿椅）

08.男士洗手间

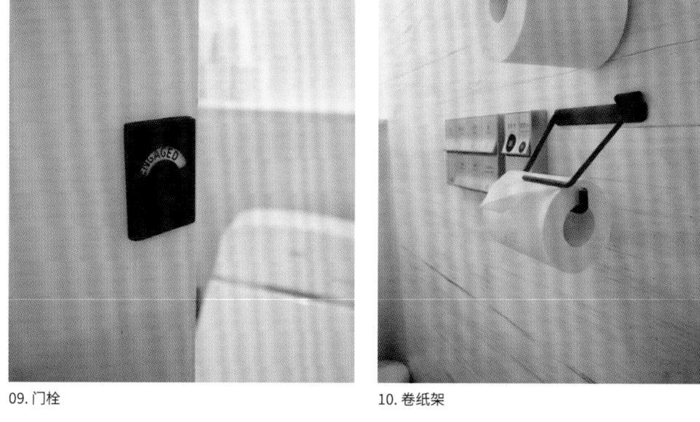

09. 门栓

10. 卷纸架

11. 单人隔间

12. 化妆角（女士洗手间）
装有和船舶窗户一样的镜子和灯具

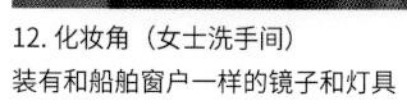

13. 创意概念椅子

Shopping Center

可供放松心情的高级洗手间

地点：京都 BAL　4 层
京都府京都市中京区河原町通三条（下行方向）山崎町 251

建筑面积：68.08 ㎡

设计公司：So,u（代表 吉田千）
施工公司：清水建设

设计说明：
在网络购物高度发达的时代，京都 BAL 希望帮助顾客找回购物的本真乐趣，为此精心打造了环境优雅的高级公用洗手间，并为女性顾客准备了专用高级化妆室。

01. 休息区（女性化妆室）
位于 4 层，占地约 66 平方米，仿照宾馆风格设计，旨在让顾客体验高质量的购物之余，度过一段不可或缺的惬意时光。

02. 入口（女士洗手间）

03. 化妆室（女士洗手间）
每个单人隔间中都有一面大镜子，供女性顾客补妆使用。窗户又大又通透，整个房间显得宽敞而明亮。

04. 休息区
室内装修十分精致，顾客可在沙发上稍事休息。

05. 女士洗手间

06. 盥洗池（男士洗手间）

Shopping Center

让心灵恢复活力的洗手间「M-Room ～ Sirene ～」

地点：
MINT 神户　5 层女性专用洗手间
兵库县神户市中央区云井路 7 丁目 1-1

建筑面积：约 63.6 ㎡

设计公司：乃村工艺社
施工公司：竹中工务店、乃村工艺社（负责内部装修）

设计说明：
在充分考虑女性使用需求的基础上，通过适当增加化妆室挂钩的数量，为女性顾客精心打造了一处自在、舒适的洗手间。"M-Room" 的设计初衷，就是要让女性顾客在放松身心的同时，把自己打扮得更加美丽，让心灵恢复活力。这里以法国海岸度假胜地为主体风格，用法语中意为"人鱼"的单词"Sirène"作为洗手间的别称，相信能够让女性顾客感到亲切和愉快。

01. 入口
仿照"度假胜地的室外露台"设计。为使顾客产生有身处大自然的愉悦心情，设计师选用了简洁明快的白色基调，搭配木纹建材和绿色植物，实现了良好的视觉效果。

02. 单人化妆格（女士洗手间）
仿照“海边沙滩”设计。席位由改装前的 4 处增加至 6 处。

03. 盥洗池（女士洗手间）

04. 化妆格和盥洗池（女士洗手间）

05. 化妆格和盥洗池（女士洗手间）
盥洗池旁设有挂钩和放置随身物品的位置。

06. 单人隔间（女士洗手间）
仿照法国各度假胜地的“海中”风光设计。各单人隔间的主题分别是“科西嘉岛的翡翠绿的海”“从埃兹小镇俯瞰海蓝色的海”“尼斯钴蓝色的海”，隔间门及隔间内的马赛克瓷砖展现出海的美丽，三种“蓝色”各具特点。

07. 盥洗池和展示柜（女士洗手间）
在盥洗区域放置着装有商品的展示柜。

08. 儿童洗手间
哺乳室旁设有儿童专用洗手间，母亲们可以放心地让孩子使用。

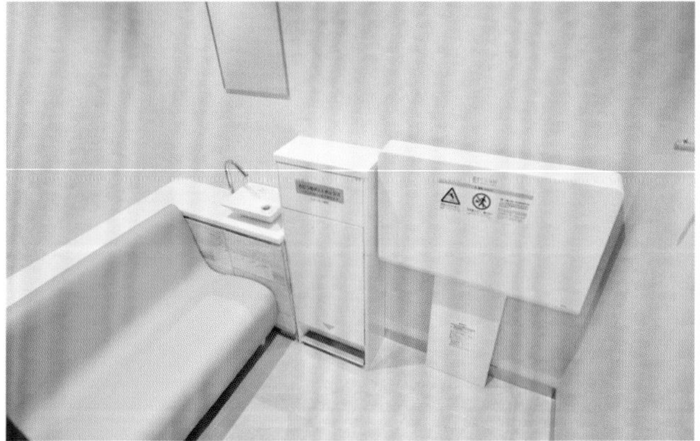

09. 哺乳室
哺乳室的墙壁采用了类似“MINT 神户”主题色彩的淡雅的薄荷色，让空间显得柔和而明快。设计时曾向许多哺乳期的女性征求建议，不断提升椅子及随身物品摆放台等设施的使用便利性。

Shopping Center

转换空间（Switch Room）
休闲楼层（Relax Stage）

地点：涩谷 Hikarie ShinQs　5 层
东京都涩谷区涩谷 2-21-1

设计公司：丹青社
施工公司：丹青社
策划：东中川华子
设计师：町田怜子、吉田麻纪

设计说明：
这里是超越传统洗手间的公共场所，旨在为女性提供一处对心情进行“开关”操作和在“日常生活、非日常生活”间自如切换的场所。比起单纯用来补妆或方便的化妆室、洗手间，这里更像是一处供情感丰富的女性顾客放松身心的地方和带有附加功能的创意传播场所。
洗手间位于 5 层的“休闲楼层”，旨在帮助顾客跳出日常生活烦恼，放松疲惫的身心。其中一块宽敞的区域被划为洗手间。如果顾客持有“Top&ClubQ”会员卡，还能享受专用的“转换休息室（Switch Lounge）”。

01. 休息室（女士洗手间）

02. 入口（女士洗手间）

03. 入口（女士洗手间）

04. 休息区

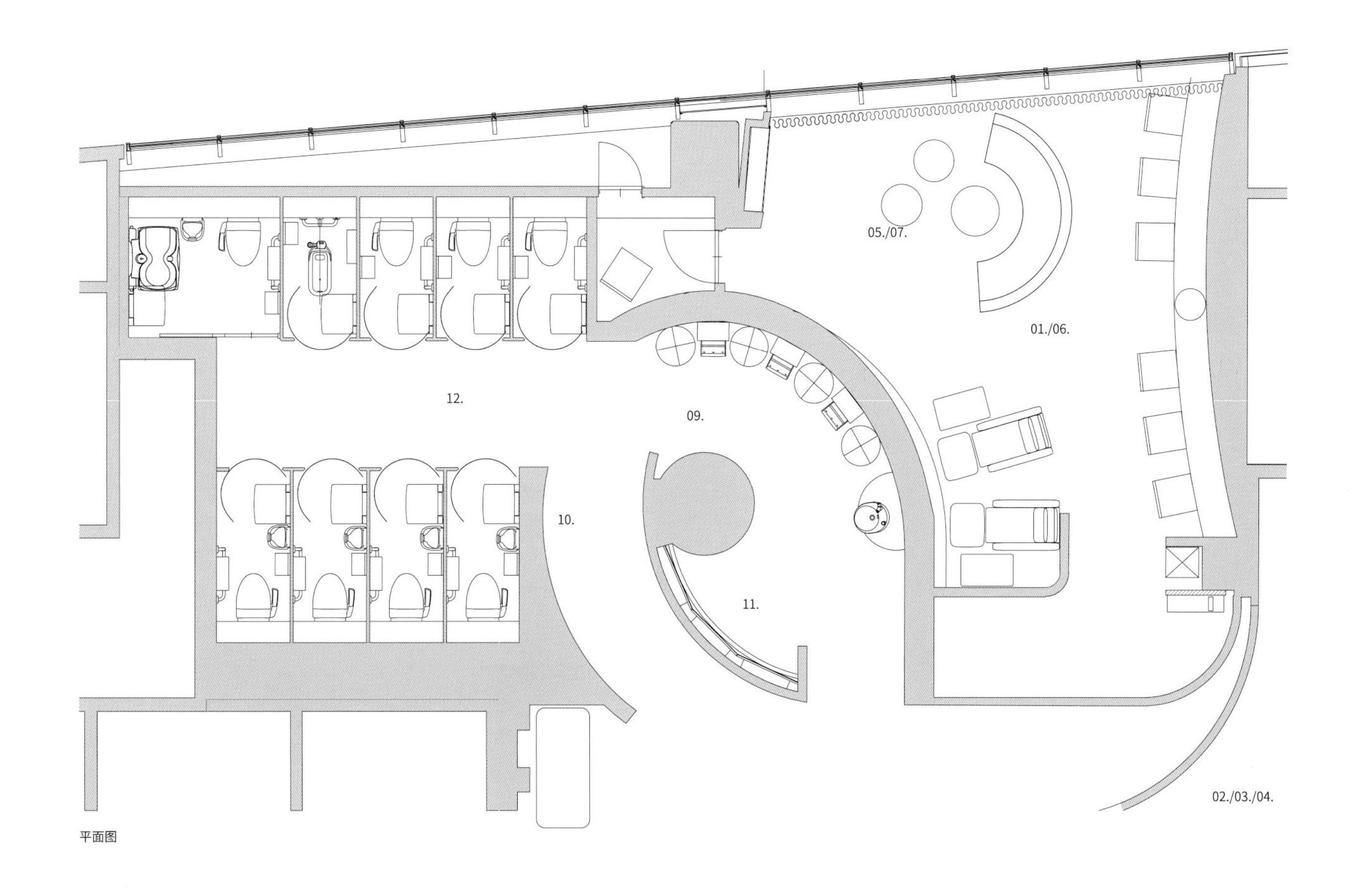

平面图

05. 休息室

06. 休息室

07. 更衣室（休息室）

08. 入口（女士洗手间）

09. 盥洗池（女士洗手间）

10. 化妆室（女士洗手间）

11. 化妆室（女士洗手间）

12. 单人隔间（女士洗手间）

Shopping Center

令人心动的休闲风格洗手间

地点：SOLARIA PLAZA　5 层女士洗手间
福冈县福冈市中央区天神 2-2-43

建筑面积：56 ㎡

设计公司：AIM 创意
施工公司：AIM 创意

设计说明：
考虑所在楼层主营休闲服装的特点，设计师以乡村风格为主基调，辅以各式小物件进行装饰。

01. 艺术作品
墙壁上挂着复古风格的小物件和各种绿植，为整体氛围加分。

02. 女士洗手间
布局结构与 3 层相同，但装修上为乡村风格，绿色植物的摆放和隔间门上的天蓝色都是经过精心设计的。

03. 化妆室（女士洗手间）
化妆室以洁净的白色作为主基调，镜子和照明的组合是经过精心设计的。

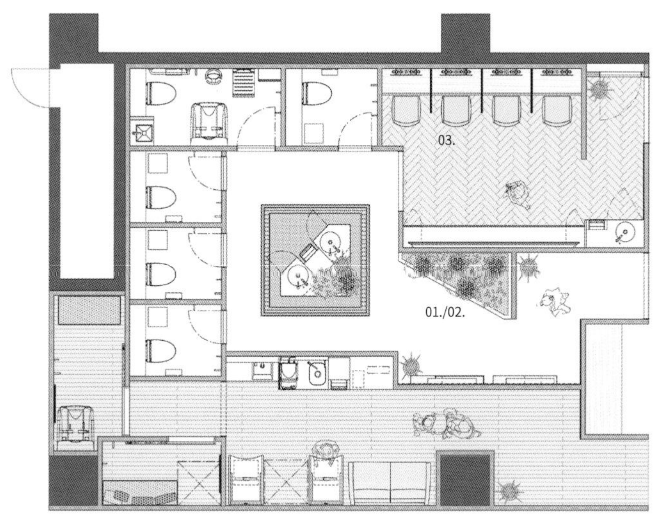

平面图

Train Station

休闲场所

地点：大阪市交通局 御堂筋线 新大阪站
大阪府大阪市淀川区西中岛 5-15-5

建筑面积：约 125 ㎡

设计公司：大阪市交通局　铁道事业本部建筑部
　　　　　建筑施设课
施工公司：日动

设计说明：
大阪市交通局将“热情接待与促进交流”作为车站洗手间翻修工程的指导方针。新大阪站作为新干线的换乘站，人流量很大。很多人在出差或旅行途中携带大件行李，也有许多人因长途跋涉而感到身心疲惫。为了使旅客对车站洗手间留下好印象，新大阪站将“让旅客感到宾至如归的休闲场所”作为此次洗手间的改造理念。
让原本令人谈之生厌的洗手间变成休闲空间，刷新地铁车站洗手间“脏乱差”的固有形象，是此次改造行动的最大目标。经过精心设计和改造，入口通道处被打造成花园一般，地板上新铺设了自然风格的木纹瓷砖，增加了不少观叶植物和花瓣形、绿叶形的木制长椅。许多旅客愿意在这处等待区域小坐和休息。
女士洗手间被设计成“花园中的亭子”，男士洗手间外观则像“木制车库”。墙壁使用实木壁砖，并在上面点缀了一些观叶植物。
※ 该洗手间在日本洗手间大赛中获奖。

01. 入口
入口处的绿色植物让人感到清新自然，如同步入一座西式凉亭。
入口通道区域仿照花园样式设计，花瓣形的木制长椅设计感十足。

02. 入口

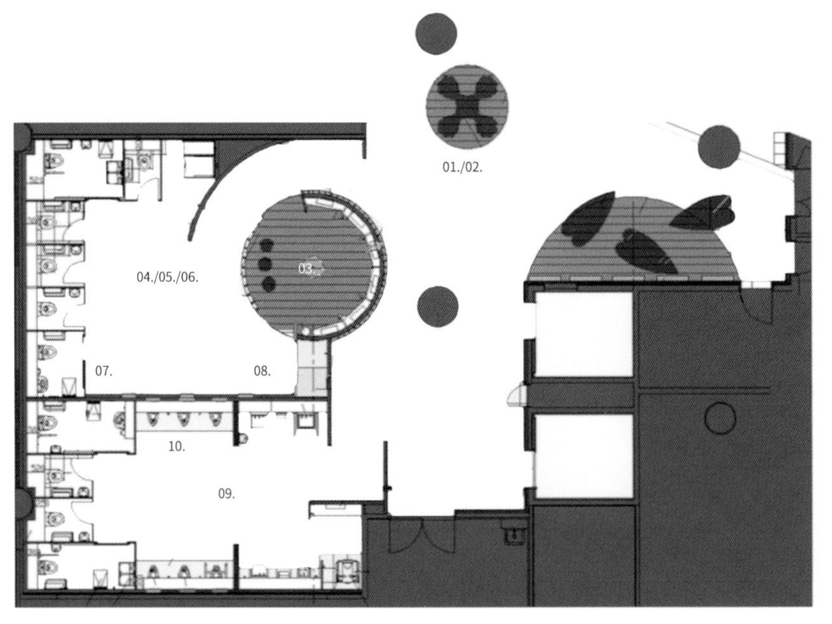

平面图

03. 化妆室（女士洗手间）

04. 木质建材和绿色植物会使人联想到大自然。洁具设备白净无瑕。

05. 化妆角装饰有观叶植物，令人感到宁静、美好。(女士洗手间)

06. 盥洗池和遵循“动作路线”原理设计而成的岛型洗手区。
婴儿椅、烘手机等设备齐全。瓷砖由贝壳制成。(女士洗手间)

07. 单人隔间(女士洗手间)

08. 更衣室(女士洗手间)
专用更衣室。

09. 以“木制车库”为设计灵感的宽敞空间。（男士洗手间）

10. 小便区装饰着绿色植物，墙面使用实木壁砖。（男士洗手间）

放松和归零

地点：LUMINE 新宿店　LUMINE2　2 层
东京都新宿区新宿 3-38-2

建筑面积：80 ㎡ (含男士洗手间面积)

设计公司：JR 东日本建筑设计事务所
施工公司：JR 东日本建筑技术
设计师：CPC（山崎一哉）

设计说明：
“放松和归零”旨在打破“车站大楼（相当于车站洗手间的外延）”的固有模式，追求创造一种不同于一般百货商店的“Lumine 风格”洗手间。在充分满足顾客需求的基础上，诞生出这处面向年轻女性的休闲空间。顾客可以在等待时欣赏美容节目，单人隔间由外到内均贴有精致的瓷砖，柔和的间接照明和环绕式背景音乐令人心情舒畅，为女性顾客特设的化妆角功能齐全，所有洁具设备十分先进，易于清扫和维护。

01. 入口（女士洗手间）

02. 入口

03. 入口

04. 标志（女士洗手间）

05. 男士洗手间

06. 化妆角（女士洗手间）

07. 化妆角（女士洗手间）

08. 盥洗池（女士洗手间）

Shopping Center

提升女性魅力的洗手间

地点：博多 MARUI 4 层
福冈县福冈市博多区博多站中央街 9-1

设计公司：日本邮政＋三菱地所设计
设计管理：AIM 创意
施工公司：竹中工务店
摄影：Nacasa & Partners
绿化设计：Breathgreen & spring

设计说明：
为回应顾客提出的建设"舒适"商店的要求，博多 Marui 与各方一起，不断推动门店环境建设向前发展。洗手间环境改善是工作重点之一，根据所在楼层特点拟定了不同的设计主题。4 层的主题是"提升女性魅力的豪华阳台休息室"。
考虑店铺所在大楼面向住吉大道的一侧采光充足，阳光可以透过玻璃幕墙照进洗手间。利用这个优点，在洗手间摆放花草盆栽，并装饰以福冈大川地区风格的传统拼花窗棂图案展板，在充分保护隐私的同时，为顾客营造出一处闹中取静的"室外庭院"氛围。外观设计简洁、现代，天然质感的建材突显高雅氛围。功能方面，每层均配备多功能洗手间，力争满足使用者的各类需求。博多 Marui 的目标是，让所有顾客（无论年龄、性别、身体状况），都能够安心、舒适地使用洗手间。

01. 化妆室（女士洗手间）

02. 女士洗手间

Shopping Center

补充能量的洗手间

01. 入口

02. 男士洗手间

地点：博多 MARUI 7 层
福冈县福冈市博多区博多站中央街 9-1

设计公司：日本邮政＋三菱地所设计
设计管理：AIM 创意
施工公司：竹中工务店
摄影：Nacasa & Partners
绿化设计：Breathgreen & spring

设计说明：
为回应顾客提出的建设“舒适”商店要求，博多 Marui 与各方一起，不断推动门店环境建设向前发展。洗手间环境改善是工作重点之一，根据所在楼层特点拟定了不同的设计主题。7 层的主题为“补充能量”。

03. 女士洗手间

Shopping Center

令人内心安闲的洗手间

地点：SOLARIA PLAZA　4 层女士洗手间
福冈县福冈市中央区天神 2-2-43

建筑面积：70 ㎡

设计公司：AIM 创意
施工公司：AIM 创意

设计说明：
在卖场中逛得久了，各类购物信息目不暇接。这所洗手间的建造初衷，就是为顾客提供一处安宁僻静的场所，对纷繁复杂的信息进行筛选整理，消除疲劳。设计上吸收了欧式公寓特点，回廊内侧的天井处设有掩映在绿色植物之中的洗手区域，回廊外侧则是厕所隔间、化妆室等隐私空间，顾客可单向环形通过。

01. 化妆隔间（女士洗手间）
中央区域种植了很多绿色植物，起到了分隔区块、消除嘈杂声音的作用。顾客可以在这里洗手和小坐休息。

02. 单人隔间（女士洗手间）
回廊左侧的厕所隔间一字排开，既分隔了空间，又明确了各部分的功能。

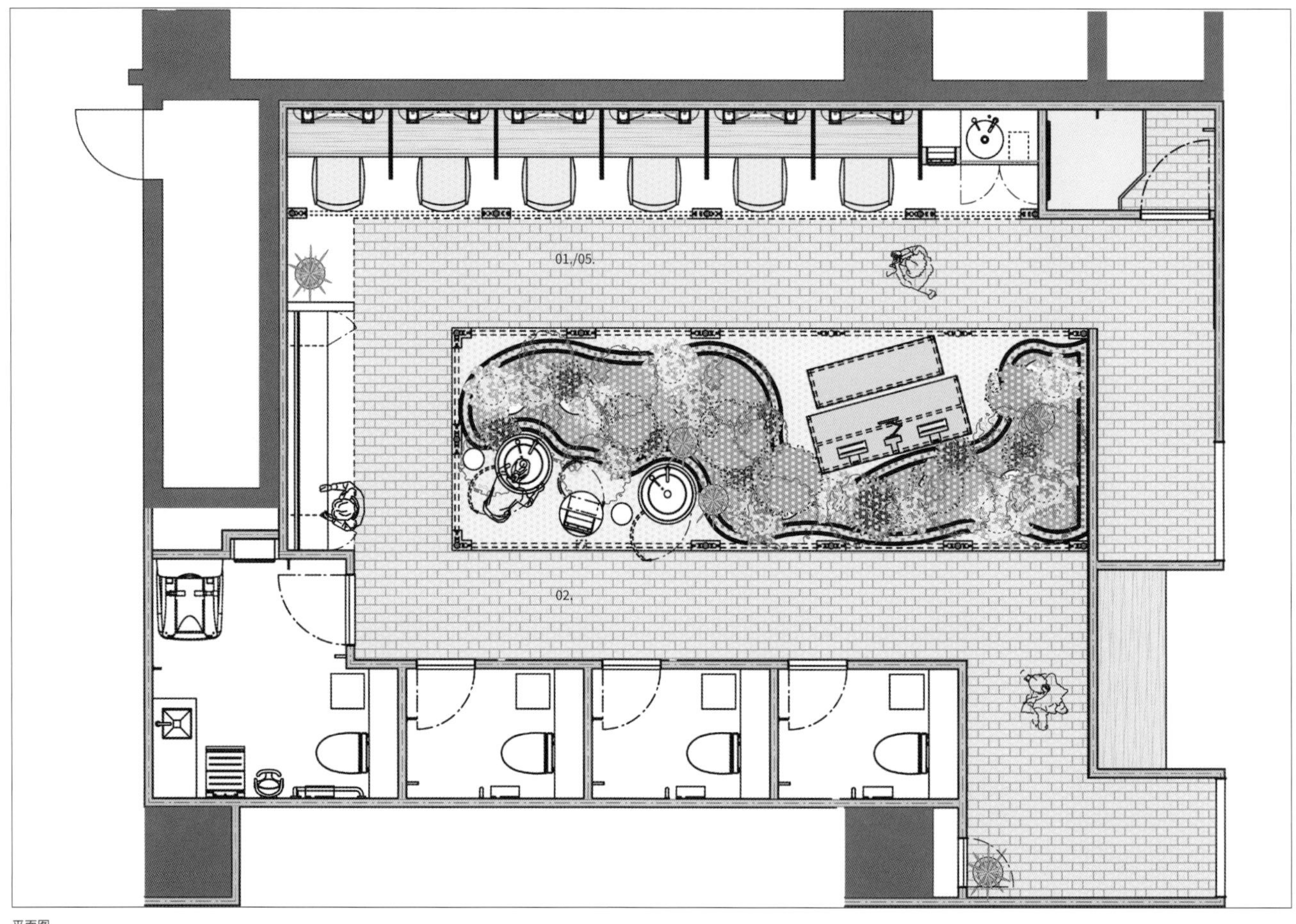

平面图

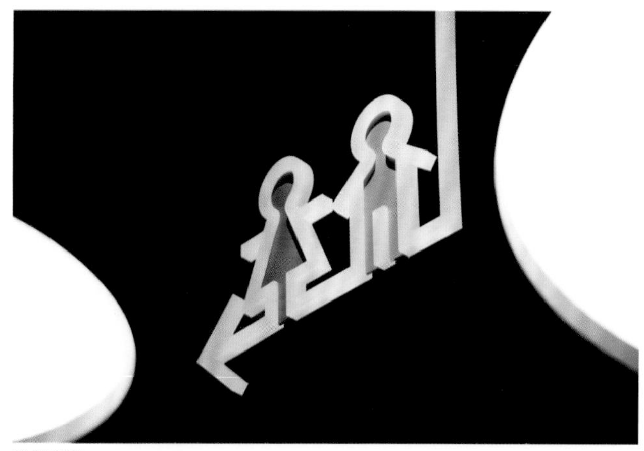
04. 引导标志

03. 引导标志

05. 化妆隔间（女士洗手间）
地板分界明显，左侧是具有私密性的化妆区域。

Public Space

与街景相互融合的洗手间

地点：草津温泉汤路广场
群马县吾妻郡草津町大字草津 107-1

建筑面积：99.20 ㎡

设计公司：K 计画事务所
施工公司：佐田建设
管理部门：草津町役场　观光课

设计说明：
这是一座坐落在“汤路广场”上的洗手间，人们可以身着和服浴衣在闲庭信步之余随心使用。建筑四周是木制回廊和梯田风格的石阶广场，站在楼上可以俯瞰传统的日式街景。这座建筑与街景深度融合，许多首次造访的游客不敢相信眼前的建筑实际上是个洗手间。这座建筑在 2015 年 9 月荣获“日本洗手间大赛”最高奖项。

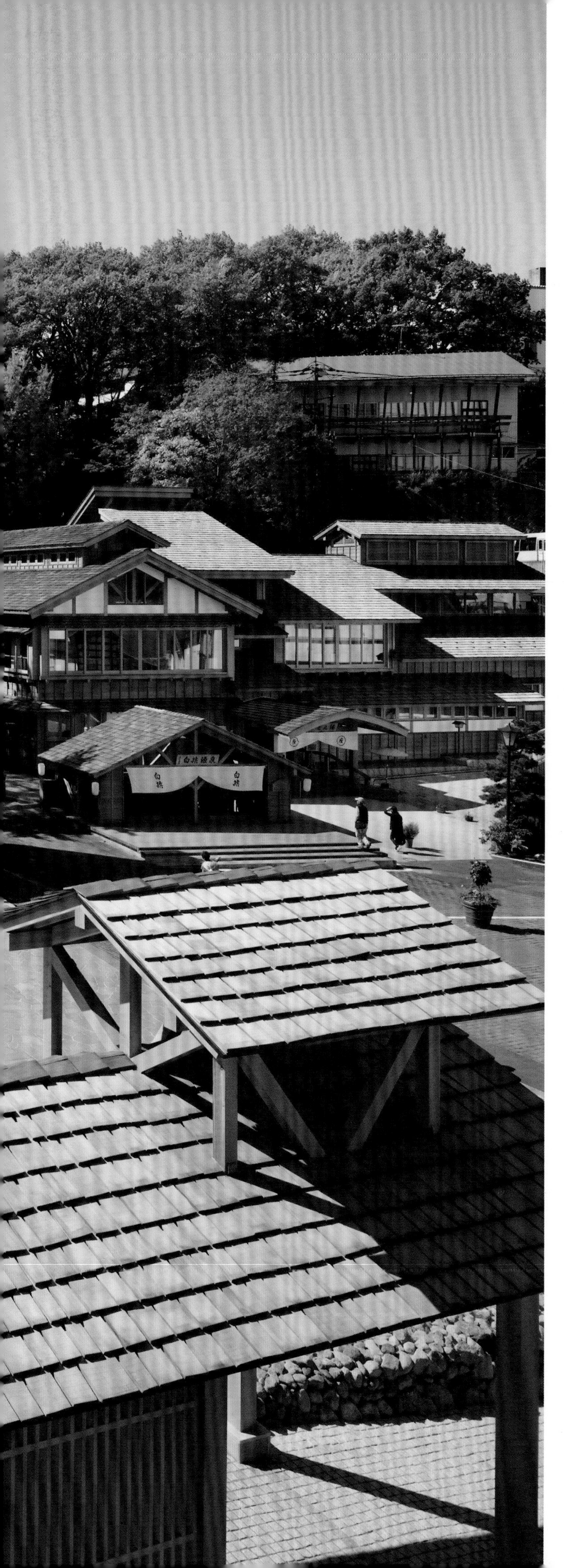

02. 与“汤路广场”相邻的洗手间建筑。
紧邻具有木制回廊和梯田风格石阶的广场，与周围街景深度融合。

03. 外观（夜）
从日落时刻起，整座建筑采用暖色调灯光照明，烘托出不同于白天的温泉街风情。

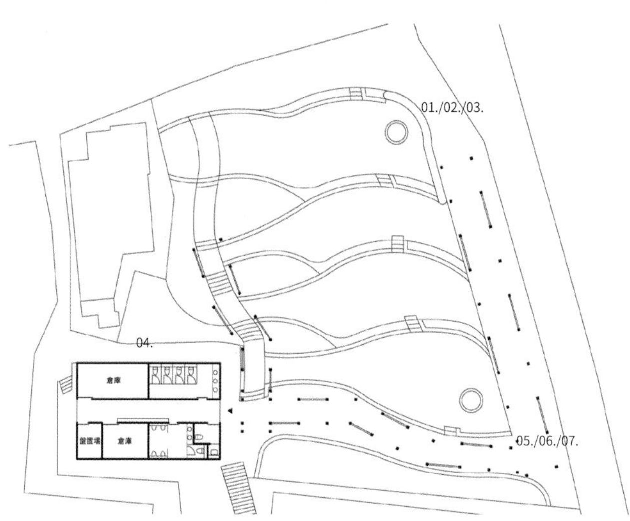

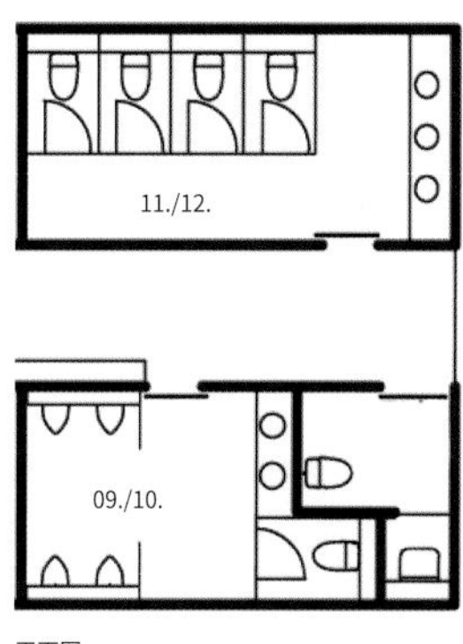

平面图

01. 外观和汤路广场

04. 照明

05. 通道
由木制回廊和石阶构成的通向洗手间的小路

06. 通道

07. 通道

08. 入口

09. 盥洗池（男士洗手间）
间接照明渲染出盥洗池的高雅品位。

10. 小便区（男士洗手间）

11. 女士洗手间

12. 单人隔间（女士洗手间）
洗手间内均采用间接照明，马桶均装有卫洗丽设备。

Service Area

令心情平稳宁静的洗手间

地点：首都圈中央联络高速公路
厚木停车场（外环）神奈川县厚木市下关口 741-3

建筑面积：372.54 ㎡

设计公司：冈野建筑设计事务所
施工公司：丸明建设

设计说明：
厚木停车场是神奈川县境内首个中央联络高速公路的停车场，位于厚木市（人口约 22 万）。周边地区在历史上曾作为大山道等陆路和水路的物资集散地，在江户时代末期素有“小江户”之称，可见繁荣一时。这处洗手间的设计，正是受“小江户”的启发，模仿古代驿站风格，基于“和，平稳宁静”的理念而建成。对于长时间在高速公路的封闭空间中驾驶的司机和乘客来说，或许正需要这样一处“放松、休闲、治愈”的场所。

01. 入口
洗手间在设计上仿照古典日式建筑风格，将“和风”的象征元素“木”贯彻到每个细节中，使建设理念得到充分展现。

02. 艺术作品（入口）

03. 入口（女士洗手间）

04. 入口（男士洗手间）

05. 休息区（女士洗手间）

06. 单人隔间（女士洗手间）

洗手间内的西式隔间均装有现代化设备，设有带清洗功能的马桶、婴儿床、婴儿椅、人工处理设备等，充分考虑到孩子及残障人士的使用需求。

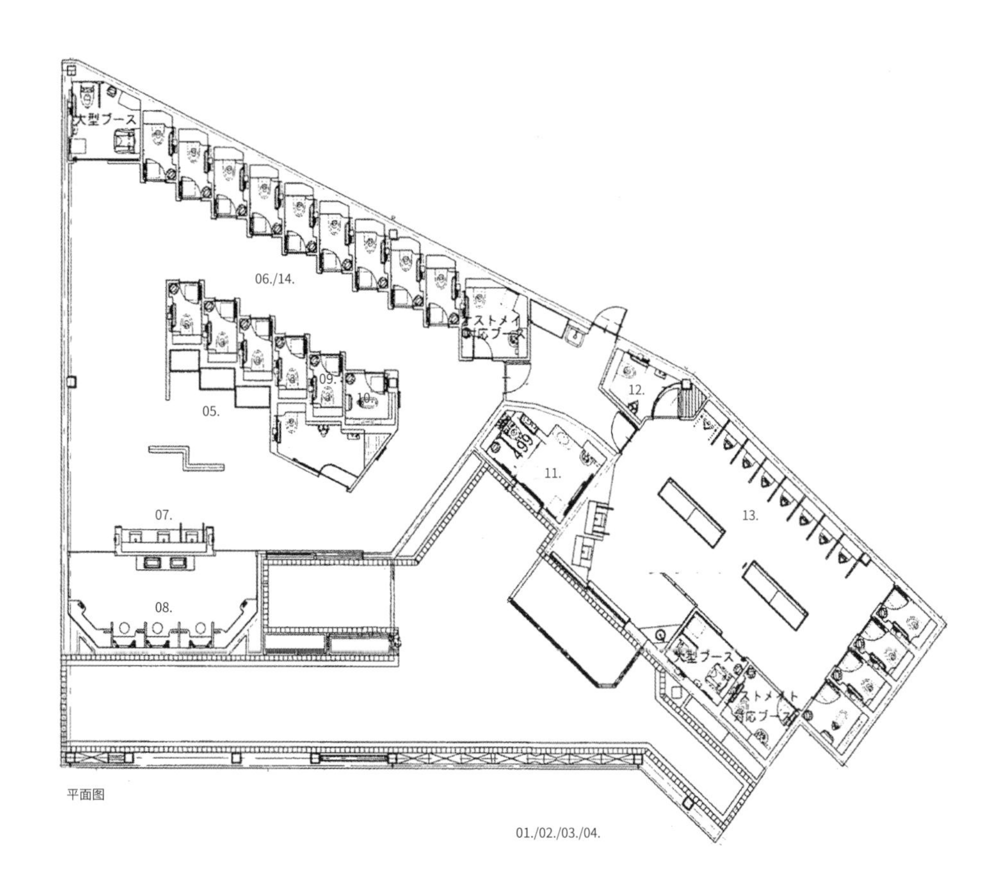

平面图

07. 盥洗池（女士洗手间）

08. 化妆角（女士洗手间）

09. 单人隔间（女士洗手间）

10. 单人隔间（女士洗手间）

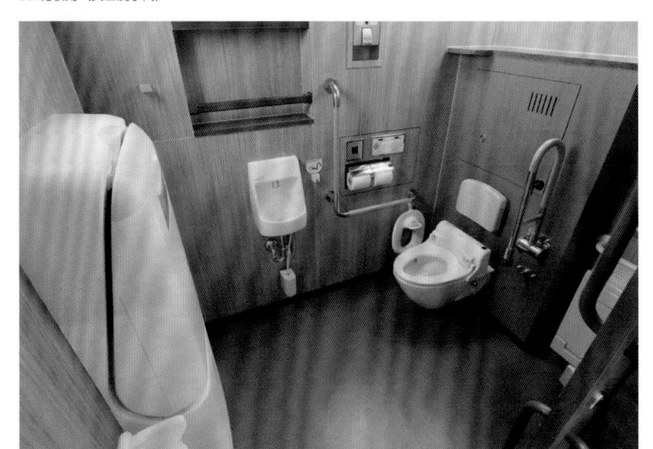

11. 多功能洗手间

12. 家庭用洗手间

13. 小便区（男士洗手间）

14. 单人隔间（女士洗手间）

洗手间顶棚部分被有意调暗，屋内设置了双重屋顶，顶棚处安有网格，在视觉上起到加强纵深的效果，有效减轻人在顶棚下方时可能产生的心理压迫感。

“八幡滨 Minatto”洗手间

地点：道路驿站、海港绿洲“八幡滨 Minatto”
爱媛县八幡滨市冲新田 1581 番地 23

建筑面积：约 159 m²

设计公司：bUd 艺术工作室一级建筑士事务所

设计说明：
在道路驿站、海港绿洲“八幡滨 Minatto”（2013 年 4 月起营业）的建设过程中，洗手间被视为招揽游客的重要因素之一。建设方以“使用方便，干净整洁”为最低目标，强调洗手间不仅要与整体景观相称，其自身也应成为游客来访的目的地之一。为此，建设方曾向全国征集设计方案，现在的洗手间就是从当年 258 个应征方案中脱颖而出的作品。虽然道路驿站的洗手间面积有限，但作为使用频率高和人流量大的公共设施，如何在设计时融入当地元素，让外来游客能够在较短时间内充分了解当地特色，是设计者重点考虑的问题之一。考虑当地盛产柑橘的特点，设计者以当地特色景观“梯田”为主体元素，建造起一座覆盖整个空间的杉木顶棚。建筑物上部采光良好的透明玻璃窗使顶棚细节清晰可辨，迄今已吸引不少游客慕名前来一睹风采。

01. 入口

02. 中庭
洗手间中央区域的庭院，有利于建筑物内部的通风、采光和换气。

03. 外观
夜间木制顶棚被照亮，犹如暗夜中的一盏灯笼。

04. 盥洗池（女士洗手间）
通过中央庭院和高窗采光的明亮空间。

05. 休息区
中央庭院附近人流量大，为减少等待时间的焦虑，摆放了一些木制长凳供使用者休息。

06. 顶棚
以当地特色景观“柑橘梯田”为主体元素设计。

07. 小便区（男士洗手间）
透过高窗能够望见道路驿站前方一片片的梯田。

08. 化妆角（女士洗手间）
为方便女性访客化妆，将其设计成互不干扰的独立空间。各个环节都考虑得十分周到。

09. 单人隔间（女士洗手间）
每个单人隔间中都能看到有当地特色的顶棚。

Service Area

感受日本风情
具有日式品位的洗手间

地点：中国高速公路 加西服务区
兵库县加西市畑町 2271-8

建筑面积：228.59 ㎡

设计公司：笹户建筑事务所
施工公司：逢泽工业（大阪分店）

设计说明：
为实现加西服务区多功能洗手间的分流化使用，新增加人工肛门使用者专用隔间、家庭隔间等设施，并通过将平面两等分，实现分侧清扫，减少使用者的等待时间。与室内装有最新、最全的机器设备相对，内部装修设计采用了加西地区旧式街景中常见的老式商店风格。整个洗手间显示出浓郁的日式风情。

01. 男士洗手间 进入洗手间后，首先映入眼帘的是位于中央区域的室内庭院，氛围明快而宁静。

02. 单人隔间（女士洗手间）单人隔间上设置了能够与隔间门联动、显示当前使用状态的标志。

03. 入口
利用大面积圆形天窗保证充足的采光，洗手间入口处用醒目的日本传统颜色区别男女，尽显民族风情。
（男）蓝⇒靛蓝、（女）红⇒赤豆色、（多功能）绿⇒莺绿色。

04. 盥洗池（女士洗手间）

05. 小便区（男士洗手间）
顶棚采用网格状设计，结合暖色调照明，尽显日式风情。

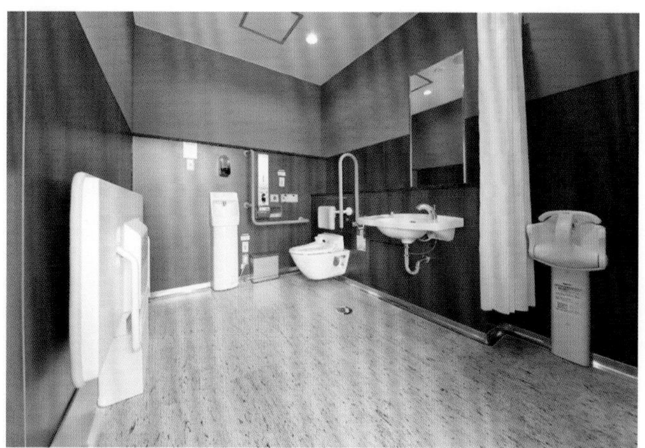

06. 多功能洗手间

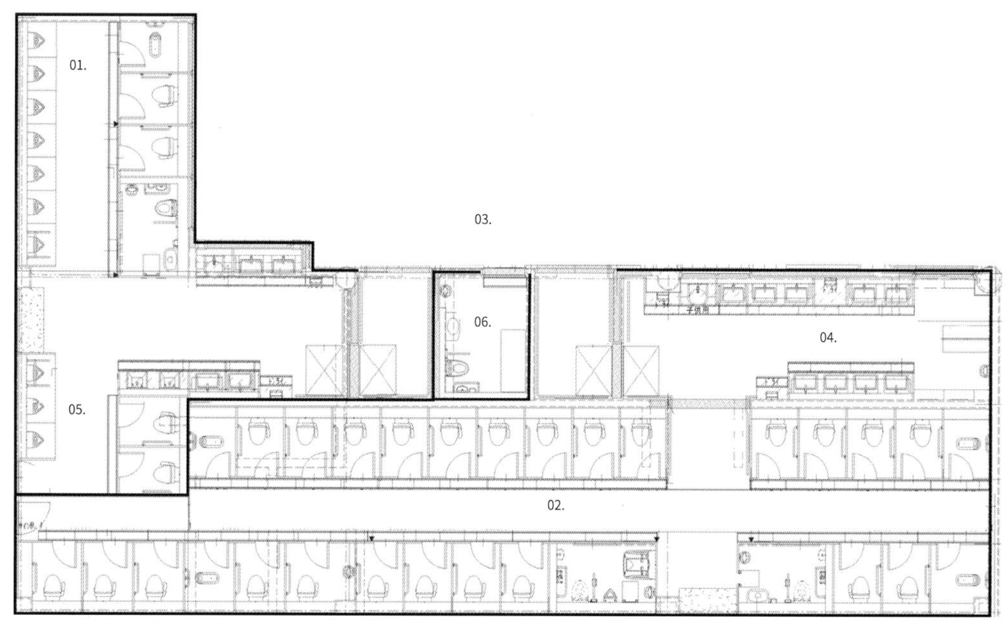

平面图

Shopping Center

能够感受到待客热情的洗手间

地点：Marugoto-Nippon　2 层
东京都台东区浅草 2-6-7

建筑面积：66 ㎡

设计公司：设计事务所 Gondola
施工公司：竹中工务店

设计说明：
浅草是江户、东京的老城区。在江户时代是整个日本人才、货物、金钱最为集中的地方，众多富豪曾在此尽情挥霍。明治时代，这里建起了许多曲艺场和剧场，明星和艺人辈出。到了现代社会，这里仍保留着过去的街景，成为国内外游客体验日本风情的必来之处，也有许多人在此回味过往年代的风土人情。为使来客能够体会到日本特有的热情待客方式，这所洗手间围绕以下四大主题进行精心设计。

1. “待客热情”
- 始终保持清洁，使人放心使用；
- 使用舒适。

2. “注重细节”
- 注重与使用便利性有关的每个细节；
- 使男女老幼能够长期方便使用。

3. “轻松自如”
- 设计上无强迫感，保持适当距离。

4. “记忆”
- 将浅草地区的历史记忆融入设计之中。

01. 入口

02. 盥洗池＆化妆角（女士洗手间）

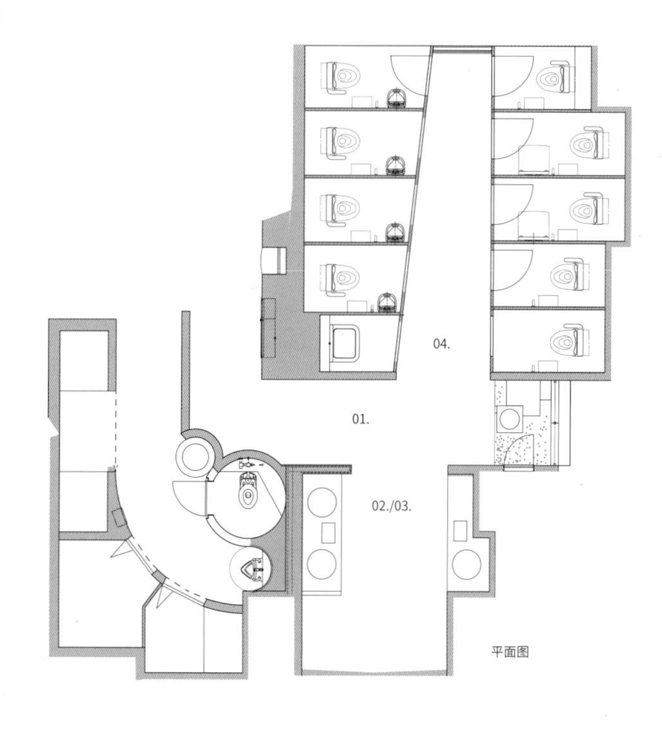

03. 盥洗池（女士洗手间）

04. 女士洗手间

Shopping Center

演绎终极“治愈”感的日式洗手间

地点：

京王圣迹樱之丘购物中心 B 馆　6 层

东京都多摩市关户 1-10-1

设计说明：

这处位于男士服装楼层的洗手间，以演绎终极“治愈”感的日式空间为理念，将日本的传统“和”精神表现得淋漓尽致。让顾客可以在这里用心体会的历史岁月。

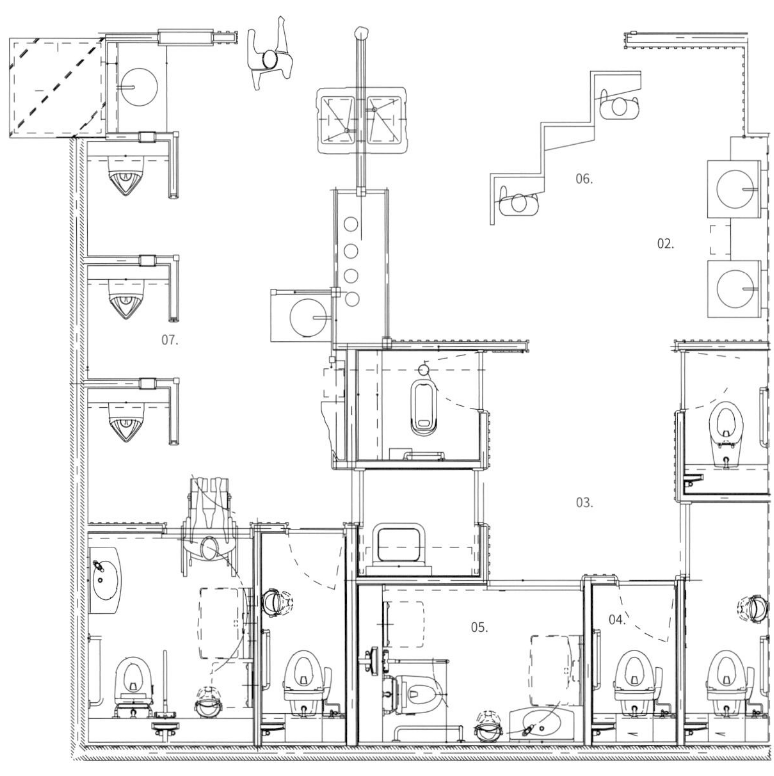

平面图

01. 入口

02. 盥洗池（女士洗手间）

03. 单人隔间（女士洗手间）

04. 单人隔间（女士洗手间）

05. 多功能洗手间

06. 化妆角（女士洗手间）

07. 小便区（男士洗手间）

Shopping Center

日式公共浴池风格的洗手间

地点：梅田蓝天大厦 地下饮食店街“泷见小路”
大阪府大阪市北区大淀中 1-1-90
梅田蓝天大厦 地下 1 层

建筑面积：约 62 ㎡

设计公司：积水置业梅田运营管理
施工公司：元藤工业

设计说明：
这座矗立在大阪市北区正中央的双子连通型超高层建筑名为“梅田蓝天大厦”。位于这座地标式建筑地下一层的小吃街“泷见小路”中的洗手间建于 2013 年。这座洗手间以“日式公共浴池”为设计主题，再现了昭和时代大阪的繁荣景象。设计灵感来自于公司的一位职工，旨在为顾客提供一处轻松、自在的休闲空间。考虑洗手间和公共浴池都与“水”有关，设计时对这一共通之处进行了充分发挥。洗手间选用了具有日式公共浴池特色的瓷砖和其他装饰品。在物品摆放、布局规划方面进行了充分研究和精心设计，将一条幽默、诙谐的创意，成功转化为独特实物并展现在世人面前。这座洗手间功能完备，整体气氛轻松、愉快，身处其中犹如“穿越”回昭和时代。这种独特的魅力足以使其成为新观光景点，名扬海内外，吸引众多游客慕名前来。

01. 化妆角（女士洗手间）
逼真的鞋柜、储物柜让不少人产生拖鞋的冲动。

02. 瓦制屋顶上贴着的“御便所”门牌。因其辨识度高而受到海内外游客的好评。

03. 入口（男士洗手间）
不少人走到这里，会惊讶地怀疑是否错走到了公共浴池入口。掀开门帘可以看到公共浴池风格的玻璃砖墙和鞋柜。

04. 标志
与复古街景相协调的趣味指示牌告知了来客洗手间的方向。

05. 小便区（男士洗手间）
如同身在公共浴池般的男士小便区。富士山图案的壁画让人联想起公共浴池的景象。小便斗既美观又实用。

06. 化妆角（女士洗手间）
位于复古风格小吃街一角的公共浴池风格洗手间的内部装修。象征公共浴池的富士山壁画迎接着每一位客人的到来。从已经停业的公共浴池收购回来的储物箱，将其改为化妆角后非常实用，广受女性顾客的好评。

07. 男士洗手间
钻过门帘，便进入了公共浴池风情十足的男士洗手间。

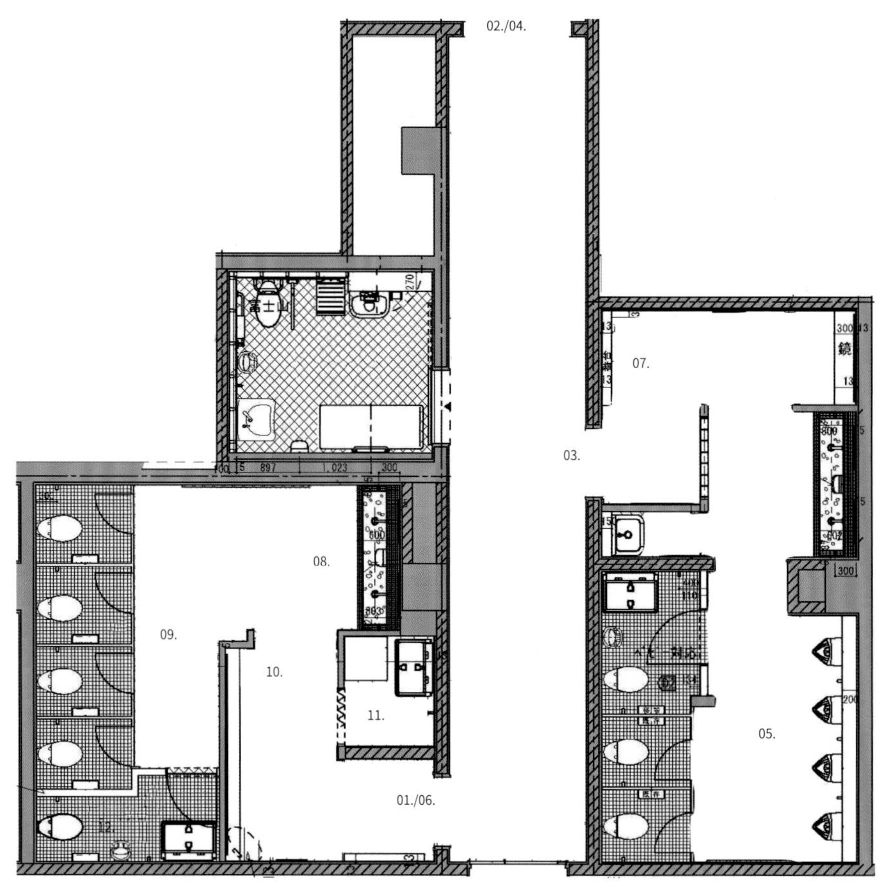

平面图

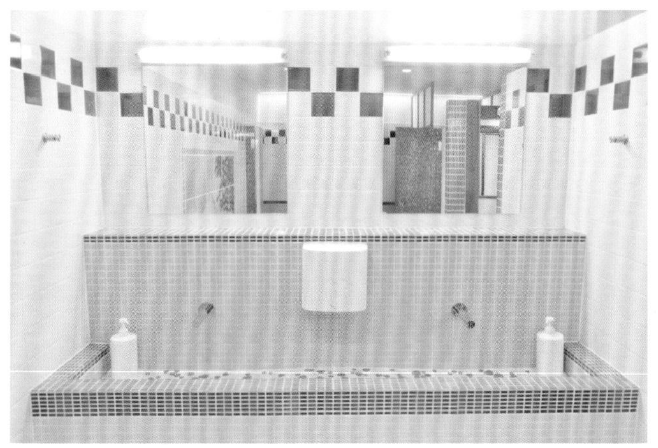

08. 盥洗池（女士洗手间）
女用盥洗场所仿照“冷水浴”风格设计。每块瓷砖都经过精心挑选和设计。

09. 单人隔间（女士洗手间）

10. 化妆角（女士洗手间）
化妆角再现了公共浴池中“更衣室”的场景。既复古又实用。

11. 哺乳室

12. 单人隔间（女士洗手间）
仿照“浴室”风格设计。通过配色设计，让人坐下时产生如同浸泡在浴盆般放松的感觉。

Game Center

九龙城洗手间

地点：Ware House　川崎店
神奈川县川崎市川崎区日进町 3-7

建筑面积：21.5 ㎡

设计公司：IMAGINE
施工公司：IMAGINE

设计说明：
Ware House 川崎店是一座仿照香港九龙城设计的废墟风格建筑。位于 2 层的男士洗手间延续了这一风格怪异的设计。但为避免女性顾客感到害怕，确保她们使用时感到安心舒适，女性洗手间十分干净和整洁。

01. 盥洗池（男士洗手间）

02. 入口标志（男士洗手间）

03. 入口标志（女士洗手间）

04. 小便区（男士洗手间）

05. 盥洗池（男士洗手间）

06. 入口（女士洗手间）

07. 盥洗池（女士洗手间）
为避免女性顾客感到害怕，女性洗手间与男性洗手间不同，空间干净整洁，全无怪异，旨在保障使用时的舒适感。

Game Center
洞窟洗手间

地点：WARE HOUSE　岩槻店
埼玉县埼玉市岩槻区加仓 3-3-63

建筑面积：34.6 ㎡

设计公司：IMAGINE
施工公司：IMAGINE

设计说明：
为使来到 Ware House 的顾客体验到内心“七上八下”的感觉，本店由内而外，包括洗手间在内，无时无刻不在为顾客展现非比寻常的空间。岩槻店洗手间内仿照洞窟设计，展示日常生活中并不常见的景象。顾客可以在洗手间内听到各种声音，包括某种生物的鸣叫声、雷声等。洗手间内还装有游戏机，供游客操作玩耍。Ware House 能够让顾客体验到一般洗手间所没有的乐趣。

01. 单人隔间（女士洗手间）

02. 盥洗池（女士洗手间）
使用后会有洞窟中的泉水涌出，也许能将顾客的日常烦恼一并冲走。

03. 单人隔间（女士洗手间）
推门进入后如同步入洞窟之中。

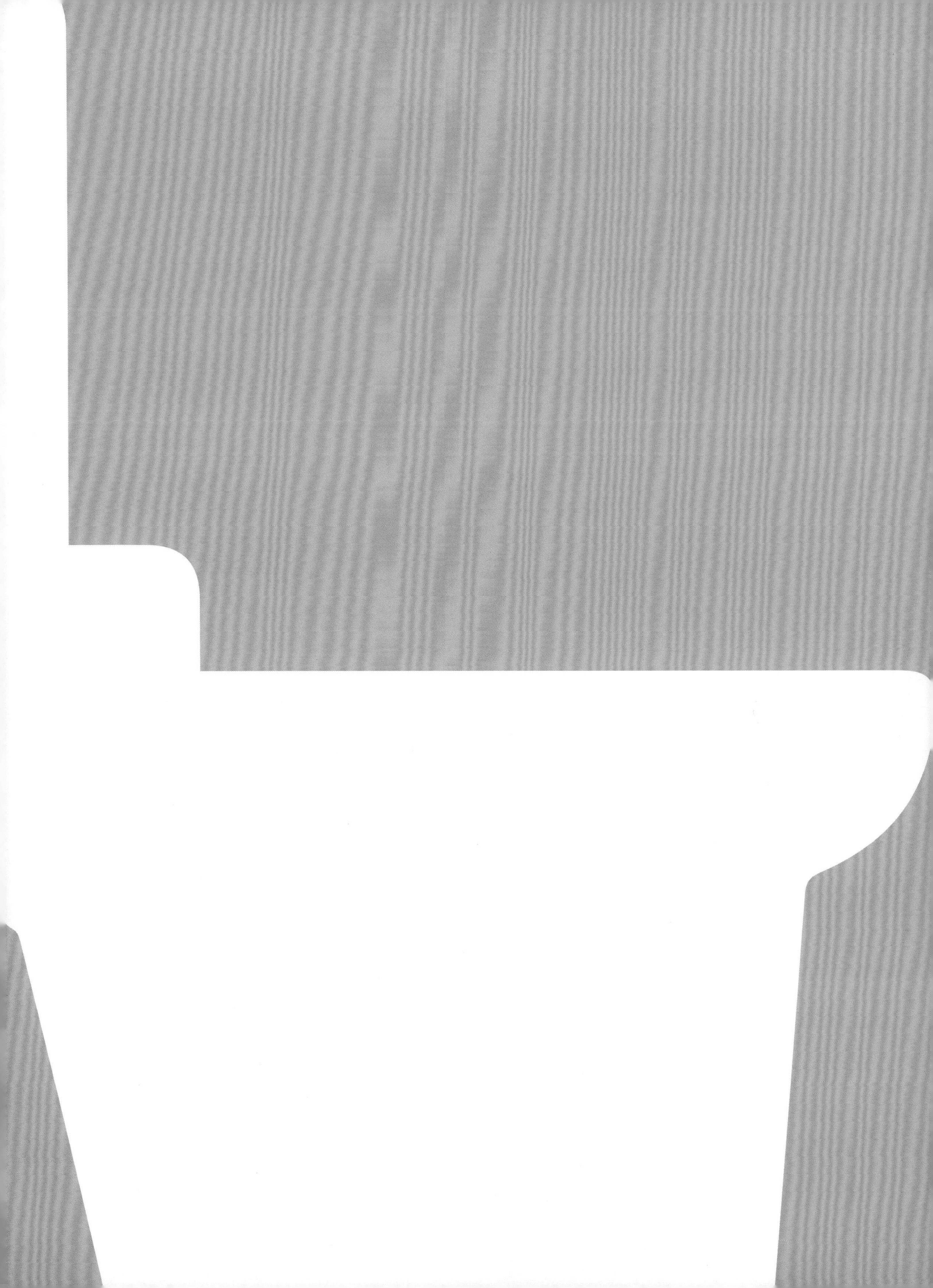

Toilet 02

休闲与儿童

Shopping Center

能让人变美的洗手间

地点：Lumine 有乐町　Lumine1　3 层
东京都千代田区有乐町 2-5-1

建筑面积：73.7 ㎡
（女性用 55.3 ㎡、男性用 13.6 ㎡、亲子洗手间 4.8 ㎡）

设计公司：JR 东日本建筑设计事务所
（栋居克之、石崎亨、井上雅博）
室内设计：丹青社
（大木康裕、须川悠理子、堀尾奈央）
施工公司：竹中工务店
艺术设计：SUPER EDISON

设计说明：
这处洗手间采用 20 世纪初叶法国女性设计师的艺术工作室风格，尽显纯粹、古典，给人留下坚毅而柔美的印象。使用者多为在周边区域工作的职业女性，她们将这里视作“能够让人变美的空间”。化妆室明亮宽敞，兼具台灯功能的化妆镜和地板砖均经过精心设计。室内空气随季节变换，使用者能够在此充分放松身心。此外，入口处的通道和更衣室前的休息区、单人隔间内均装饰有精致的时尚配件如缝纫工具、画框等，为顾客高质量的购物之行增光添彩。

01. 入口通道

02. 入口

03. 艺术作品（入口通道）

04. 标志

05. 女士洗手间　女士洗手间区域。
整体由暗灰色与白色构成的纯粹设计。［照片：Nacasa & Partners］

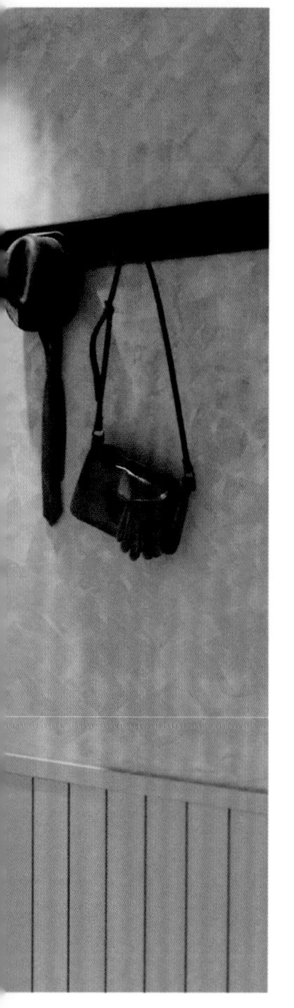

06. 艺术作品（入口通道）
入口通道处装点着艺术设计师的随身用品、小装饰品及照片、素描。

07. 休息区（女士洗手间）

08. 艺术作品（女士洗手间）

09. 化妆角与化妆隔间（女士洗手间）

中央区域的桌上摆放着台灯形化妆镜，镜子里装有感应器，人站在镜子面前时灯会自动亮起。[照片：Nacasa & Partners]

10. 盥洗池（女士洗手间）

11. 单人隔间与盥洗池（女士洗手间）

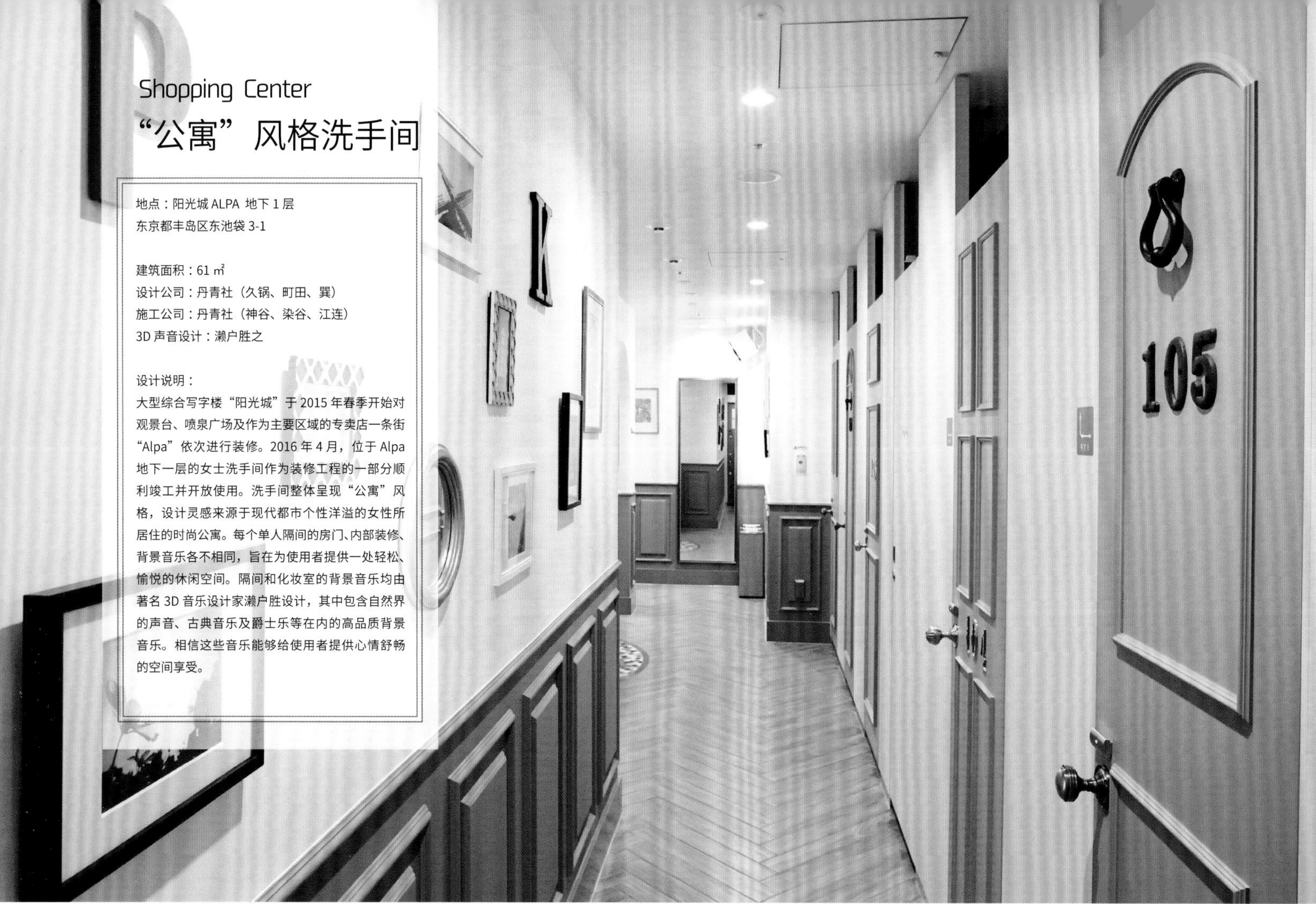

Shopping Center

“公寓”风格洗手间

地点：阳光城 ALPA 地下 1 层
东京都丰岛区东池袋 3-1

建筑面积：61 ㎡
设计公司：丹青社（久锅、町田、巽）
施工公司：丹青社（神谷、染谷、江连）
3D 声音设计：濑户胜之

设计说明：
大型综合写字楼“阳光城”于 2015 年春季开始对观景台、喷泉广场及作为主要区域的专卖店一条街“Alpa”依次进行装修。2016 年 4 月，位于 Alpa 地下一层的女士洗手间作为装修工程的一部分顺利竣工并开放使用。洗手间整体呈现“公寓”风格，设计灵感来源于现代都市个性洋溢的女性所居住的时尚公寓。每个单人隔间的房门、内部装修、背景音乐各不相同，旨在为使用者提供一处轻松、愉悦的休闲空间。隔间和化妆室的背景音乐均由著名 3D 音乐设计家濑户胜设计，其中包含自然界的声音、古典音乐及爵士乐等在内的高品质背景音乐。相信这些音乐能够给使用者提供心情舒畅的空间享受。

01. 单人隔间
将“为刚步入时尚轨道、生活方式丰富多彩的女性提供一处如时尚公寓般迷人的洗手间”作为设计理念。

02. 入口（女士洗手间）

3. 入口

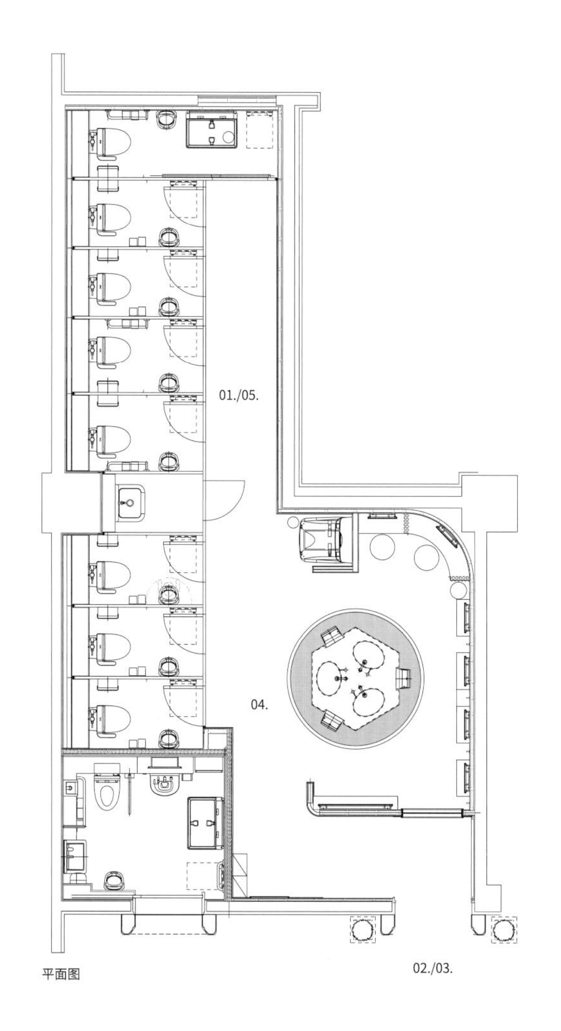

平面图

04. 女士洗手间

05. 单人隔间

06. 入口

07. 化妆室
化妆室背景音乐由濑户胜之设计，为身处其中的人们带来立体的听觉享受，使人们仿佛身临其境般欣赏乐队演奏。在对声音的设计上，通过将自然界的声音与超声波相结合，取得了良好的预期效果。

08. 单人隔间
每个单人隔间的房门、内部装修、背景音乐各不相同，充满个性设计。

09. 单人隔间

10. 单人隔间

Shopping Center

Haremachi Beaute

地点：永旺购物中心冈山　3 层
冈山县冈山市北区下石井 1-2-1

建筑面积：化妆室 61.5 ㎡

设计公司：船场
施工公司：船场

设计说明：
这是位于冈山永旺购物中心 3 层西侧的女性专用洗手间“Haremachi Beaute”。以“时尚巴黎女孩的房间”作为设计灵感，在尽显小资、奢华情调之余，努力使每位使用者感到温馨、舒适。化妆间中备有充足的梳洗用品，方便顾客补妆。室内摆放有沙发座椅，供顾客购物疲惫时稍事休息。此外，购物中心还设有为女性提供专业美妆建议的礼宾柜台。

01. 艺术作品
根据每季度活动举办情况，化妆室主体装饰年均更换 5 次，让顾客每次到访都有新鲜感。※ 图片中为 2016 年春季装饰

02. 入口
礼宾柜台为顾客免费提供由专业美容店推荐的化妆品试用装及美容家电租借服务。
服务项目每月更新，始终紧跟时尚步伐。（※ 使用条件：满18岁以上女性，且持有 WAON POINT、WAON 或 AEON 会员卡）

03. 化妆隔间

04. 化妆室

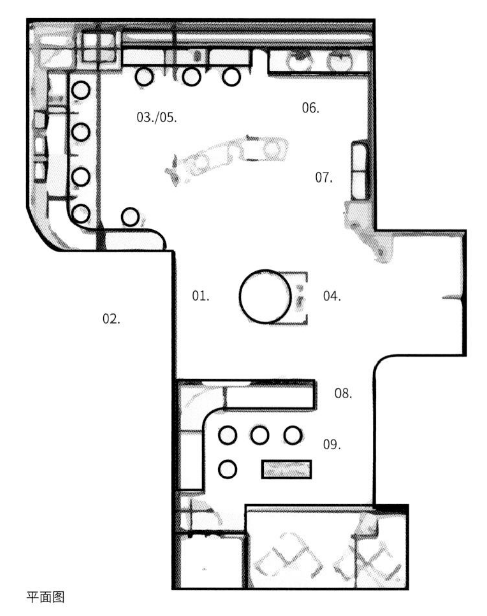

平面图

05. 化妆隔间
室内共八个座位，另设有站立使用区域（最多支持 6 人同时使用），插座充足，方便顾客手机充电及使用电吹风。

06. 盥洗池

07. 梳洗用品

08. 休息区

09. 休息区

Shopping Center
涩谷屋顶洗手间

地点：涩谷 MODI　9 层
东京都涩谷区神南 1 丁目 21-3

设计公司：AIM 创意（永岛、岩本、金子）
照明设计：AIM 创意（今子）
标志设计：AIM 创意（名取）
施工公司：AIM 创意
摄影：Nacasa & Partners【02.】

设计说明：
结合所在商业设施“建设智能商业空间”的内涵，设计了这所能够满足顾客求知欲和多样化需求的洗手间。与所在商业设施总体设计理念“Mix Chic + Time Less”（丰富别致和高效省时）一样，洗手间拥有宁静、舒适的环境氛围，建筑材料随时间推移韵味渐显，灯具结合了古典与现代的创意，花草按细密画风格立体种植，标志符号尽显原创色彩。

01. 化妆角（女士洗手间）

02. 入口
为体现九层的“涩谷屋顶”理念，此处使用了与外墙材质相同的方砖墙面，既与大楼整体风格统一，又突出了作为顶层的功能特点。

03. 艺术作品（女士洗手间）

04. 单人隔间与化妆角和盥洗池（女士洗手间）

05. 镜子（女士洗手间）

Shopping Center

环绕在书本之间的洗手间

地点：涩谷 MODI 6 层
东京都涩谷区神南 1 丁目 21-3

设计公司：AIM 创意（永岛、岩本、金子）
照明设计：AIM 创意（今子）
标志设计：AIM 创意（名取）
施工公司：AIM 创意
摄影：Nacasa & Partners【08./09.】

设计说明：
结合所在商业设施"建设智能商业空间"内涵，设计了这所能够满足顾客求知欲和多样化需求的洗手间。与所在商业设施总体设计理念"Mix Chic + Time Less"（丰富别致和高效省时）一样，洗手间拥有宁静舒适的环境氛围，建筑材料随时间推移韵味渐显，灯具结合了古典与现代创意，花草按植物细密画风格立体种植，标识符号尽显原创色彩。

01. 单人隔间与化妆角（女士洗手间）
墙面按书架风格打造，装饰有原创灯具。

02. 入口（女士洗手间）

03. 入口（女士洗手间）

04. 单人隔间与化妆角（女士洗手间）

05. 隔间标识（轮椅 / 尿布更换台）

06. 单人隔间（女士洗手间）

07. 入口（男士洗手间）

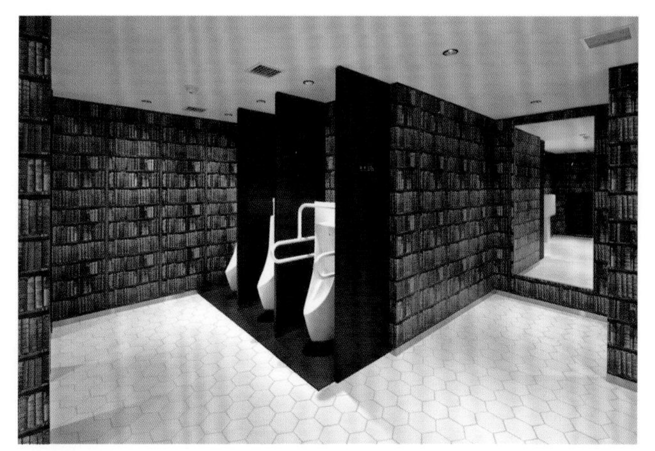
08. 小便区（男士洗手间）

09. 男士洗手间

Shopping Center

充满甜蜜回忆的洗手间

地点：

京王圣迹樱之丘购物中心 B 馆　5 层

东京都多摩市关户 1-10-1

设计说明：

洗手间位于购物中心的体育、青年休闲装楼层，设计理念是“Room of Good Old Memories（充满甜蜜回忆的空间）”。室内回荡着 20 世纪六、七十年代的美国流行音乐，让顾客不禁想在这片充满流行文化的温馨空间中体验一次穿越时空的旅行，再次邂逅那段甜蜜的回忆。

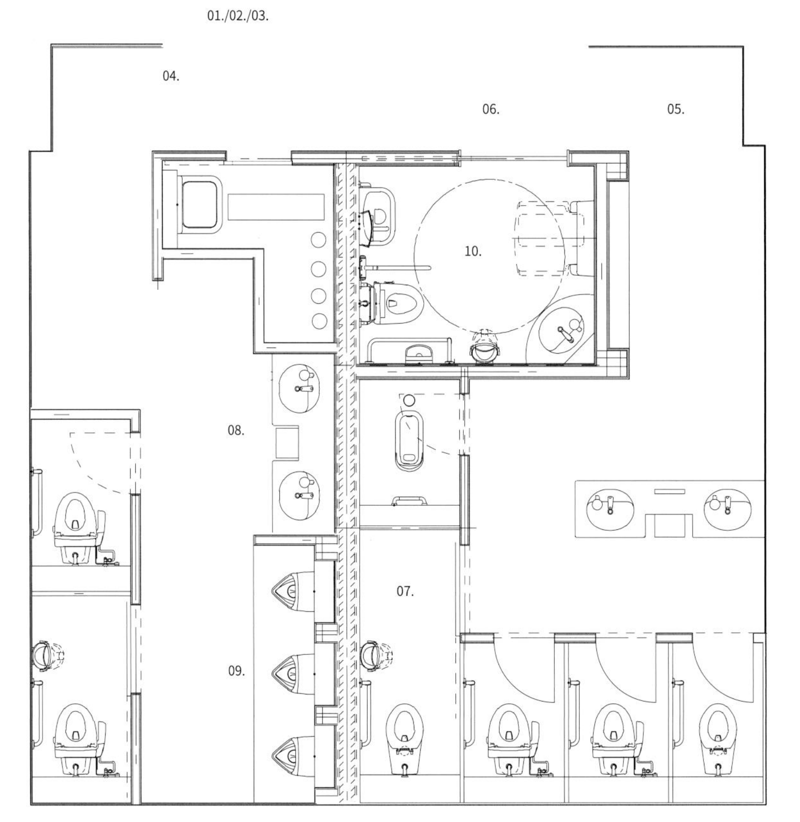

平面图

01. 入口

02. 入口

03. 艺术作品

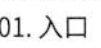

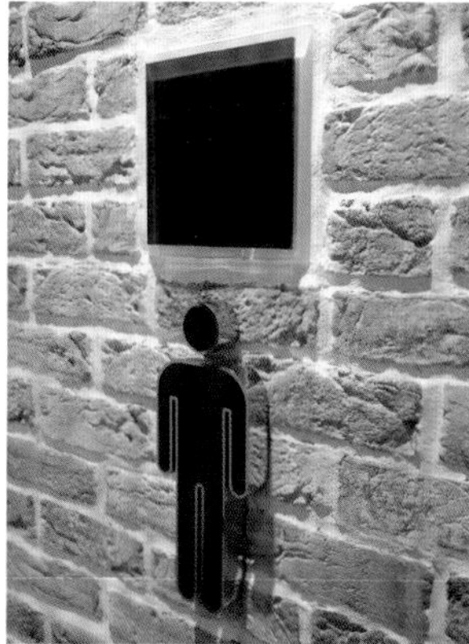

04. 标识（男士洗手间）

05. 标识（女士洗手间）

07. 单人隔间（女士洗手间）

06. 艺术作品（多功能洗手间）

08. 盥洗池（男士洗手间）

09. 小便区（男士洗手间）

10. 多功能洗手间

Shopping Center

吉祥寺的“My”洗手间

地点：Kirarina 京王吉祥寺　2 层
东京都武藏野市吉祥寺南町 2 丁目 1 番 25 号

建筑面积：54.8 m²

设计公司：设计事务所 GONDOLA
施工公司：大成建设京王建设共同企业体
施工公司（卫生间）：日建设计
施工公司（室内）：J.FRONT 建装

设计说明：
考虑该洗手间位于客流量大的楼层，设计师设计了数量充足的单人隔间和化妆角。
精心设计的布局，令使用者能够一目了然地掌握单人隔间的使用情况。入口处充满女性色彩的红色墙壁夺人眼球。此外，室内还装有电子显示屏、可租用展示柜等，为等候者提供消遣娱乐。我们衷心欢迎顾客随时来体验。

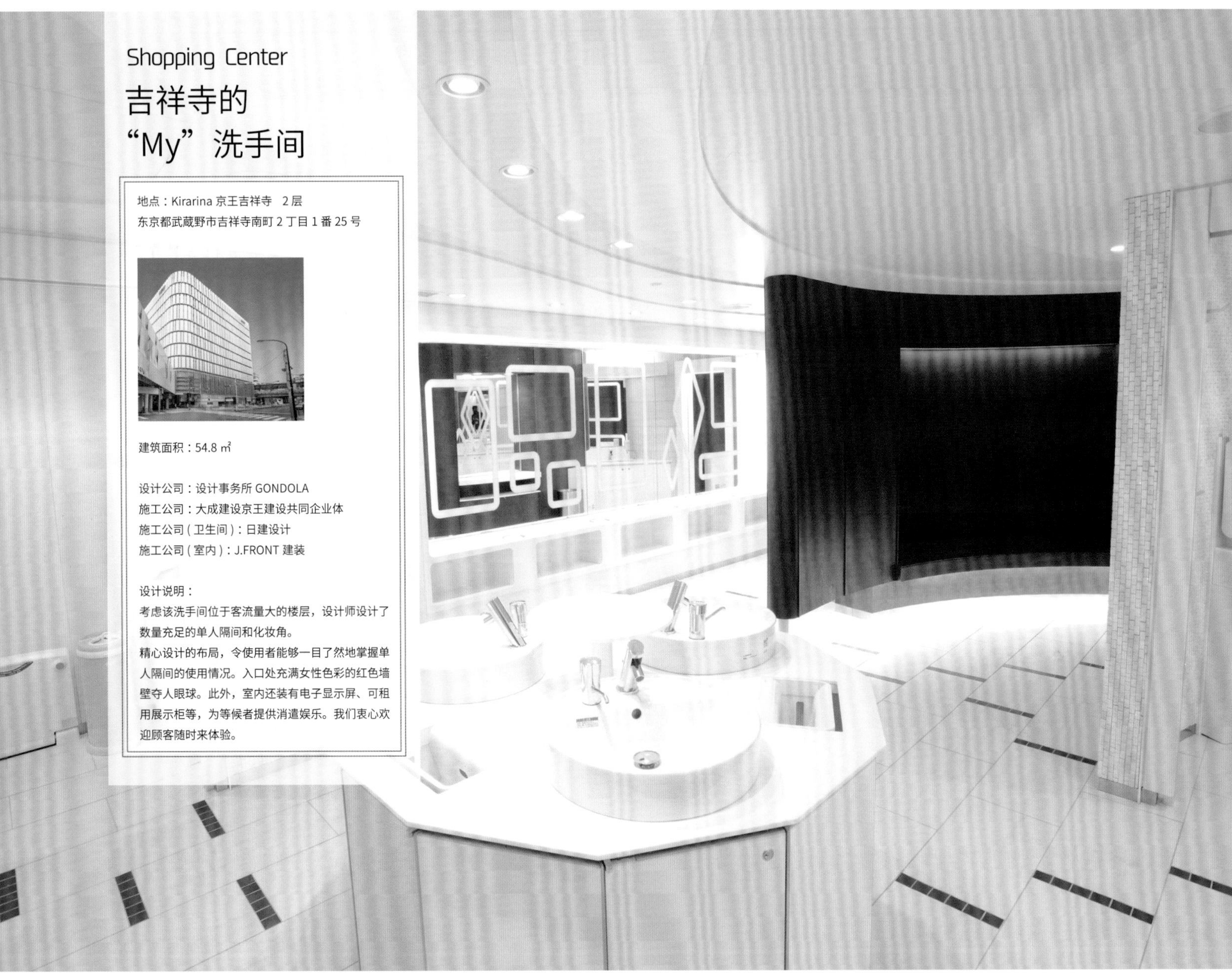

01. 单人隔间与 化妆角（女士洗手间）

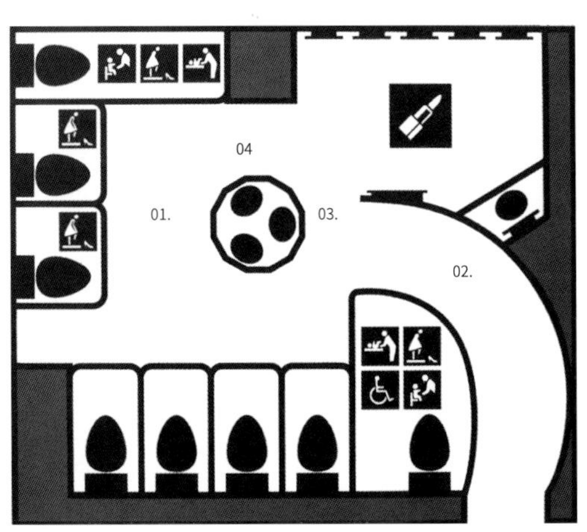

平面图

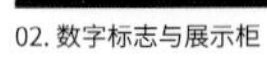

02. 数字标志与展示柜

03. 单人隔间与盥洗池（女士洗手间）

04. 女士洗手间

Shopping Center

区域划分得当的洗手间

地点：Central Park
爱知县名古屋市中区锦 3-15-13

建筑面积：36.10 ㎡

设计公司：设计事务所 Gondola
施工公司：大成建设

设计说明：
这是一处位于名古屋市荣区地下商业街的女士专用洗手间。考虑使用者多为年轻女性，对整理仪表的场所要求较高，故将化妆角与洗手间按功能明确区分开来。化妆角处设有带灯箱的随身物品存放台和全身镜供顾客使用。化妆角背面则设有展示柜和化妆品样品存放箱，顾客们可以在这里试用由各品牌店铺准备的样品。入口门洞处原装饰有粉色系大理石，改装时为对旧物充分利用，设计师着重选用了红色系建材。此外，为方便残障人士和抱小孩的顾客使用，还设有多功能洗手间。但因其位于公用通道，为防止不当占用，经与业主协商，平时均处于锁闭状态，需要使用时可通过远程电话进行确认和解锁。

01. 化妆角（女士洗手间）

02. 入口

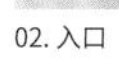

03. 多功能洗手间

04. 女士洗手间

05. 化妆角（女士洗手间）

06. 单人隔间（女士洗手间）

Service Area

增加对旅程终点期待感的舒适洗手间

地点：常盘高速　守谷服务区
茨城县守谷市野木崎桑下 88（下行方向）

建筑面积：2000 ㎡（上行、下行合计）

设计公司：东日本高速公路公司（Nexco）工程部
施工公司：本间组

设计说明：
在改造守谷服务区的过程中，将洗手间和商业设施的设计理念进行了统一：上行线东京方向是丰饶的森林，充满旅途回忆的热闹场所；下行线仙台方向则是闲适的森林，增加对旅程终点期待感的休闲场所。
环境整洁舒适，方便老人儿童使用，无障碍化使用是这次重点改造要实现的三个目标。下行线的男士洗手间设有曲面墙壁，两侧设有小便器，体现出多变的设计风格。女士洗手间内以盥洗池为中心，将单人隔间分布在其外围。单人隔间数量充足，并可以很容易判断出当前使用情况。为避免人多时出现混杂和拥挤，设计师在改造时对实际使用过程中的“动作路线”进行了精心设计，方便团体客人使用。此外，为满足不同使用者的需要，还增设了独立的女士化妆角及供育儿家庭使用的专用洗手间。

01. 女士洗手间

02. 入口停车场、人行道和洗手间内部全面实现无障碍化使用。为方便视觉障碍者使用，特别设置了扶手、盲道。同时，将天窗与间接照明相结合，将洗手间打造成一处白天自然清新，晚上温馨舒适的场所。此外，从安全角度出发，入口处各区域标志清晰，无盲区无死角。

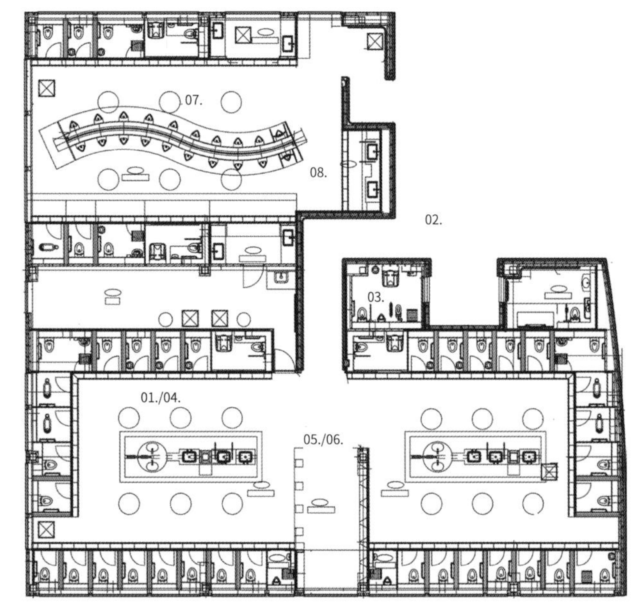

平面图

03. 多功能洗手间 为方便不同人群使用需要，在充分了解多功能洗手间使用现状的基础上，增设家庭用洗手间，并分别在男女洗手间内设置大型专用隔间，设有摆放婴儿床的位置及更衣用踏板。

04. 盥洗池（女士洗手间）

以盥洗池为中心，将单人隔间分布在其外围，顾客可以一目了然判断出当前哪个隔间无人使用，这样有效缓解了人多拥挤的问题。

05. 化妆角（女士洗手间）

06. 化妆角（女士洗手间）

女士洗手间中设有独立化妆角，供人们舒适地使用。女士洗手间中如厕、洗手、补妆区域各自独立，有利于对使用者进行分流，缩短等待时间。

07. 小便区（男士洗手间）

08. 盥洗池（男士洗手间）

Service Area

充满旅途回忆的热闹洗手间

地点：常盘高速　守谷服务区
茨城县守谷市大柏字 166（上行方向）

建筑面积：2,000 ㎡（上行、下行合计）

设计公司：东日本高速公路公司（NEXCO）工程部
施工公司：本间组

设计说明：
在改造守谷服务区过程中，将洗手间和商业设施的设计理念进行统一：上行线东京方向是“丰饶的森林——充满旅途回忆的热闹场所”，下行线仙台方向则是“闲适的森林——增加对旅程终点期待感的休闲场所”。
“环境整洁舒适，方便老人儿童使用，无障碍化使用”是这次重点改造要实现的三个目标。上行线男士洗手间小便器后方摆放了庭园式微缩盆景，使用者可以透过玻璃欣赏垂在瓷砖表面的爬山虎，品位多样的设计风格。女士洗手间以盥洗池为中心，将单人隔间分布在其外围，展现出既开放又安心的空间布局。单人隔间数量充足，很容易判断当前使用情况。为避免人多时出现混杂和拥挤，改造时对实际使用过程中的“动作路线”进行了精心设计，方便团体客人使用。此外，为满足不同使用者的需要，还增设了独立的女士化妆角及供育儿家庭使用的专用洗手间。

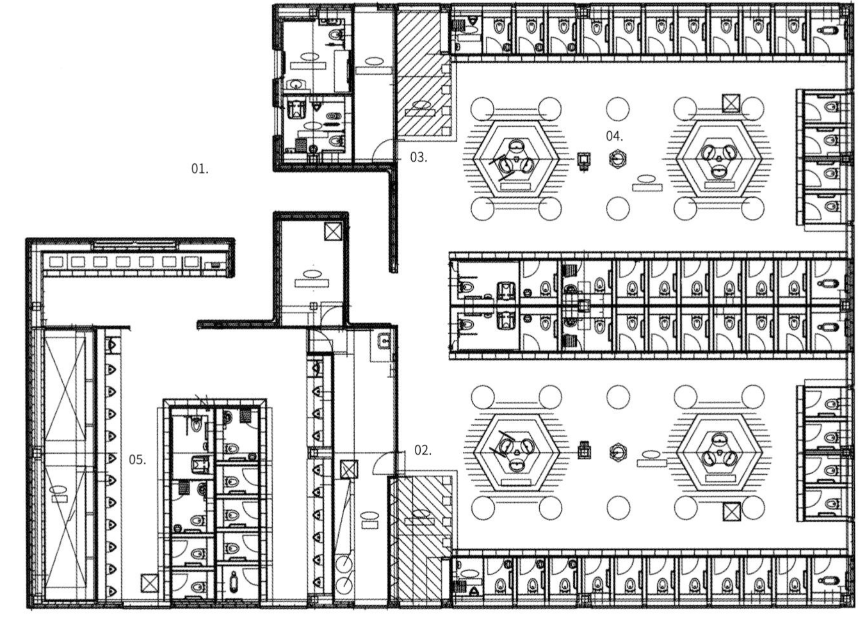

02. 化妆角（女士洗手间）

01. 入口

03. 盥洗池（女士洗手间）

04. 女士洗手间
盥洗池位于中心区域，室内宽敞明亮。洗手液由洗手间仓库内所设槽罐设备统一调配，通过特殊装置向各盥洗池自动装填，省去了清洁工进入洗手间补充洗手液的工作。

05. 小便区（男士洗手间）
由于洗手间地板采用了吸水率极低的高温瓷抛光砖，清扫方式由过去的湿式清扫变为干式清扫，大大提升了清扫的效率。通过对地砖的表面装饰和色调进行精心设计，达到了美观、耐脏的效果。此外，为方便对易脏的便器周围进行清洁，特地对大小便器采用了“壁挂式”设计。为防止洗手时水花飞溅，选用了独立型盥洗池。

Shopping Center

展示时尚商品的洗手间

地点：江钓子购物中心・PAL 2层
岩手县北上市北鬼柳 19-68

建筑面积：108.43 ㎡
设计公司：设计事务所 GONDOLA
施工公司：大林组

设计说明：
这座购物中心位于江钓子地区，刚建成时该地区还是一个仅有 8000 人口的村庄，尚未被并入岩手县北上市。当年，当地的商业街为扭转经营状况，共同建造了这座购物中心。为寻求支持，当地负责人曾与永旺集团（当时称 Jusco）的总经理直接交涉。这种敢想敢干的精神一直延续到现在。在购物中心创立 30 周年时，对洗手间进行了大幅改造。这处位于 2 层中央时装区域的洗手间以充分发挥女性特色、增加女性时装元素为改造目标。入口通道处开辟了多处小窗格，用于向顾客展示当季时髦商品。洗手间内拥有宽敞的化妆室、多功能隔间，能够满足不同使用者的各类需要。

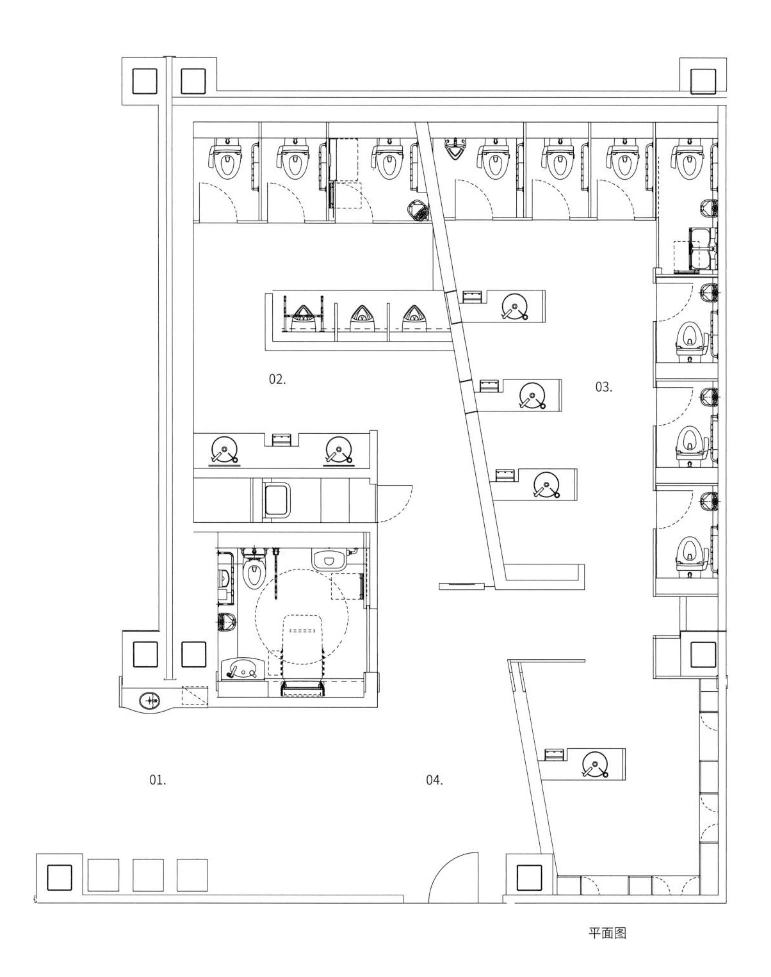

平面图

01. 入口

02. 盥洗池（男士洗手间）

03. 女士洗手间

04. 入口

Shopping Center

会客室风格的洗手间

地点：小仓井筒屋本店　3 层
福冈县北九州岛市小仓北区船场町 1-1

建筑面积：112.3 ㎡
设计公司：设计事务所 Gondola
施工公司：ZYCC、竹中工务店

设计说明：
这所洗手间的定位是“百货商店中的会客室”。洗手间全部采用单人隔间，旨在提升洗手间的空间品质，为顾客提供一处短暂休息的舒适场所。化妆角的布局按“两个一组”设计，邻座的间隔距离得到妥善处理，无论是个人、母女还是朋友，都能不必顾忌他人的目光，轻松自如地使用。

01. 盥洗池 & 化妆隔间（女士洗手间）

02. 入口

03. 化妆隔间（女士洗手间）

04. 盥洗池（女士洗手间）

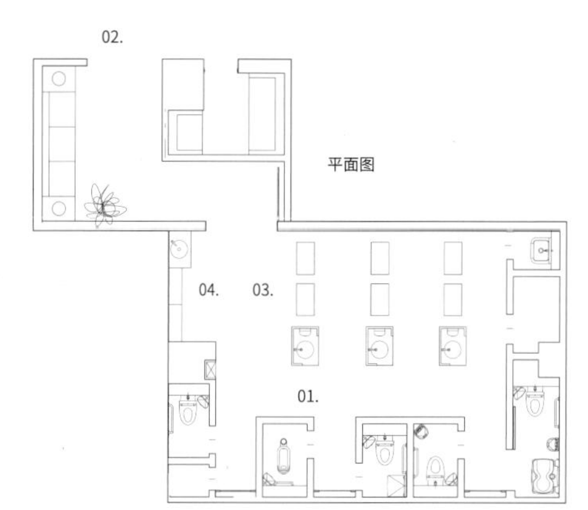

精致的街头洗手间

地点：东京地铁　表参道站
东京都港区北青山 3-6-12

建筑面积：123.91 ㎡

设计公司：设计事务所 GONDOLA
施工公司：大成建设

设计说明：
“表参道”是一条精致的城市街道，这所洗手间位于表参道地铁车站，与地面的精致氛围一脉相承。考虑旁边是一条客流量较大的美食街，洗手间在设计和建造时特别注重洁净、舒适。鉴于女性顾客较多，特别设置了多处化妆角。利用地形狭长的布局特点，尽可能多地安排单人隔间。为避免过于整齐划一给使用者带来闭塞感，通过对墙面、地面进行上色装饰，使个人空间相对独立，富有节奏和变化。为使便器数量和功能得到充分利用，设计时对使用者在有限空间中的移动路线进行规划，最后决定使用斜墙作为隔断，让位于洗手间深处的单人隔间清晰可辨。此外，通过对墙面照明进行设计，使狭长纵深的洗手间显得更加宽敞、明亮。为满足不同使用者的需要，洗手间中均设有大型隔间，用于摆放婴儿车、婴儿椅等。考虑洗手间的易脏问题，管理方经常用水清洁、冲洗。为使洗手间更加易于清洁维护和舒适耐久，地板表面没有摆放其他物品，而选用了排水性好的优质建材。

01. 入口 （竣工时）

02. 盥洗池（女士洗手间）

03. 单人隔间（女士洗手间）

Train Station

与街道融为一体的洗手间

地点：东京地铁东西线日本桥站　地下 2 层
东京都中央区日本桥 1-3-11

建筑面积：86.88 ㎡

设计公司：设计事务所 Gondola
施工公司：五洋建设

设计说明：
日本桥站是位于全日本首屈一指的金融街和老字号商业设施聚集区的一处地铁终点站（单日上下旅客约 26 万人）。这所洗手间旨在与街道融为一体，成为一处舒适、安心的场所。日本桥是历史风景和现代建筑相互交融的地区，这一特点也体现在洗手间的设计中。通过精心的规划，解决了洗手间面积狭小和处于地下闭塞感较强的问题，努力做到宽敞、明亮、清洁、安心，满足洗手间的基本要求。通过摆放石桥、石灯笼等装饰，使整体氛围更具厚重感。黑色的石壁与其他白色建材产生色彩对比，玻璃采光让室内环境更加通透、舒适。通过在男女洗手间与多功能洗手间之间设置斜坡和高度差，实现室内空间整体统一。为满足不同使用者的需要，各洗手间均设有大型隔间，用于摆放婴儿车、婴儿椅等。考虑洗手间的易脏问题，管理方经常用水清洁冲洗。为使洗手间更加易于清洁维护和舒适耐久，地板表面没有摆放其他物品，并选用了排水性好的优质建材。

01. 入口（竣工时）

02. 女士洗手间

03. 入口（竣工时）

04. 女士洗手间

Shopping Center

供女性调适心情的洗手间

地点：
京王圣迹樱之丘购物中心 B 馆　3 层
东京都多摩市关户 1-10-1

设计说明：
这所洗手间位于经营时尚、靓丽、休闲的女士商品楼层。化妆角共分三种，女性顾客可以根据自己当日心情进行选择。单人隔间最受欢迎，很多女性顾客愿意在隔间内慢慢补妆。洗手间设计理念的初衷是希望女性朋友能够在自己的专属空间中调适心情，享受购物。

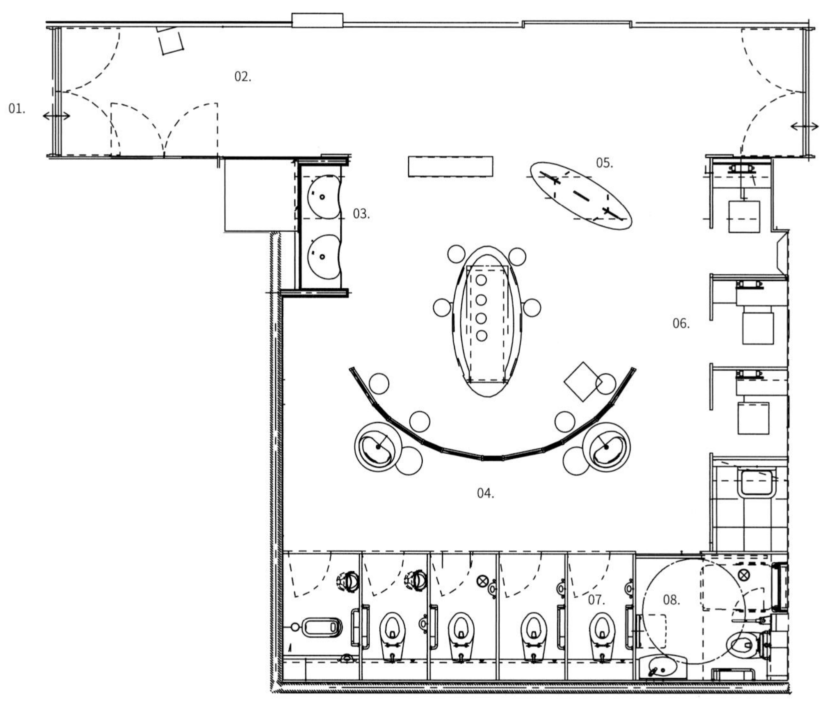

平面图

01. 入口（女士洗手间）

02. 入口（女士洗手间）

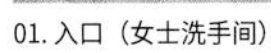

03. 盥洗池（女士洗手间）

04. 单人隔间（女士洗手间）

05. 化妆角（女士洗手间）

06. 化妆隔间（女士洗手间）

07. 单人隔间（女士洗手间）

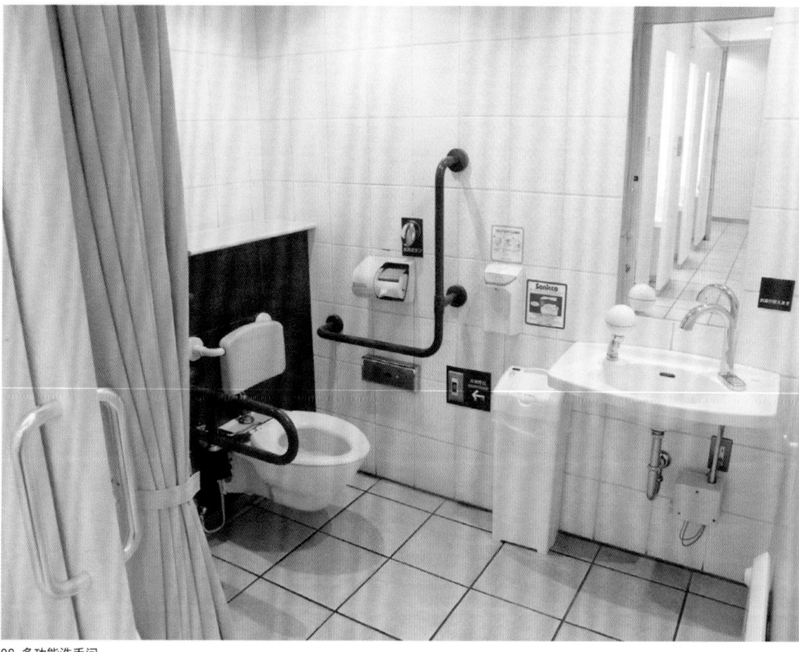
08. 多功能洗手间

Shopping Center

民居风格的洗手间

地点：小仓井筒屋本店　1 层
福冈县北九州岛市小仓北区船场町 1-1

建筑面积：103.2 ㎡

设计公司：设计事务所 Gondola
施工公司：ZYCC、竹中工务店

设计说明：
“井筒屋”百货商店地处小仓城（位于北九州岛市紫川沿岸）与周边公园连接处的步行街上。这所洗手间位于“井筒屋”1 层，是公园和百货商店的共享区域。设计师将单人隔间的门设计成普通民居风格，利用仿造的门柱和屋檐等元素，突显出其与走廊（外部空间）的分界和区别。

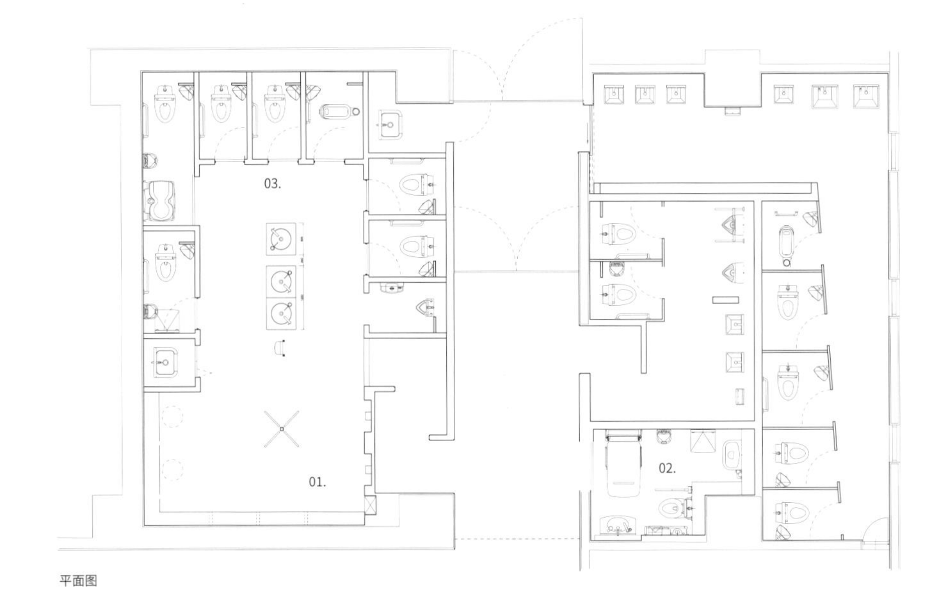

平面图

01. 化妆室

02. 多功能洗手间

03. 女士洗手间

Shopping Center

“阪神老虎”棒球队洗手间

地点：阪神梅田本店
大阪府大阪市北区梅田 1 丁目 13 番 13 号

设计说明：
这所洗手间位于拥有“阪神老虎”棒球队专卖店的楼层。设计师以棒球队的标志性颜色作为主色调，突显现代感与活力。相信这所拥有“阪神老虎”鲜明特色的洗手间，能够进一步激发人们对于棒球队的关注和喜爱。

01. 入口
地板、墙壁采用白色瓷砖，饰有黑色砌缝。桌台、壁板为黄色，饰有黑色条纹。让整个室内空间充满了“阪神老虎”棒球队的鲜明特色。

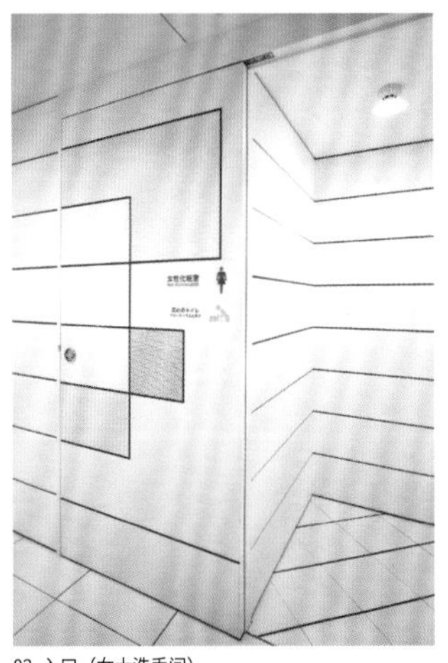

02. 入口（女士洗手间）
洗手间入口附近的设计与所在楼层一致。

03. 单人隔间
男女洗手间面积充足，可容纳轮椅进入。

04. 化妆隔间（女士洗手间）

05. 盥洗池（男士洗手间）

06. 小便区（男士洗手间）

Shopping Center

功能齐全、方便舒适的洗手间

地点：
京王圣迹樱之丘购物中心 B 馆　2 层
东京都多摩市关户 1-10-1

设计说明：
这所洗手间位于以“女性与家庭时尚”为主题的楼层。设计师以“功能齐备、方便舒适”作为主要目标，追求打造一处简洁、便利的场所。

01. 入口

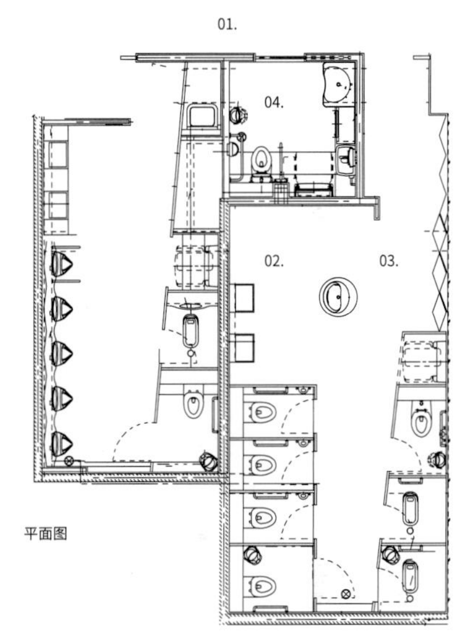

平面图

02. 化妆角（女士洗手间）

04. 多功能洗手间

03. 盥洗池（女士洗手间）

Shopping Center

转换空间（Switch Room）
妈咪楼层（Mammys Stage）

地点：涩谷 Hikarie ShinQs　地下 2 层
东京都涩谷区涩谷 2-21-1

设计公司：丹青社
施工公司：丹青社
策划：东中川华子
设计师：町田怜子、吉田麻纪

设计说明：
这里是超越传统洗手间的公共场所，旨在为女性提供一处对心情进行"开关"操作和在"日常生活、非日常生活"间自如切换的场所。比起单纯用来补妆或方便的化妆室、洗手间，这里不仅是一处供情感丰富的女性顾客放松身心的地方，更是带有附加功能的创意传播场所。
位于地下 2 层的"妈咪楼层"是供妈妈（爸爸）们与婴幼儿一起安心享受购物快乐的场所。这里有数量充足、功能完备的哺乳室和可供全家人一同休闲的"交流区"。

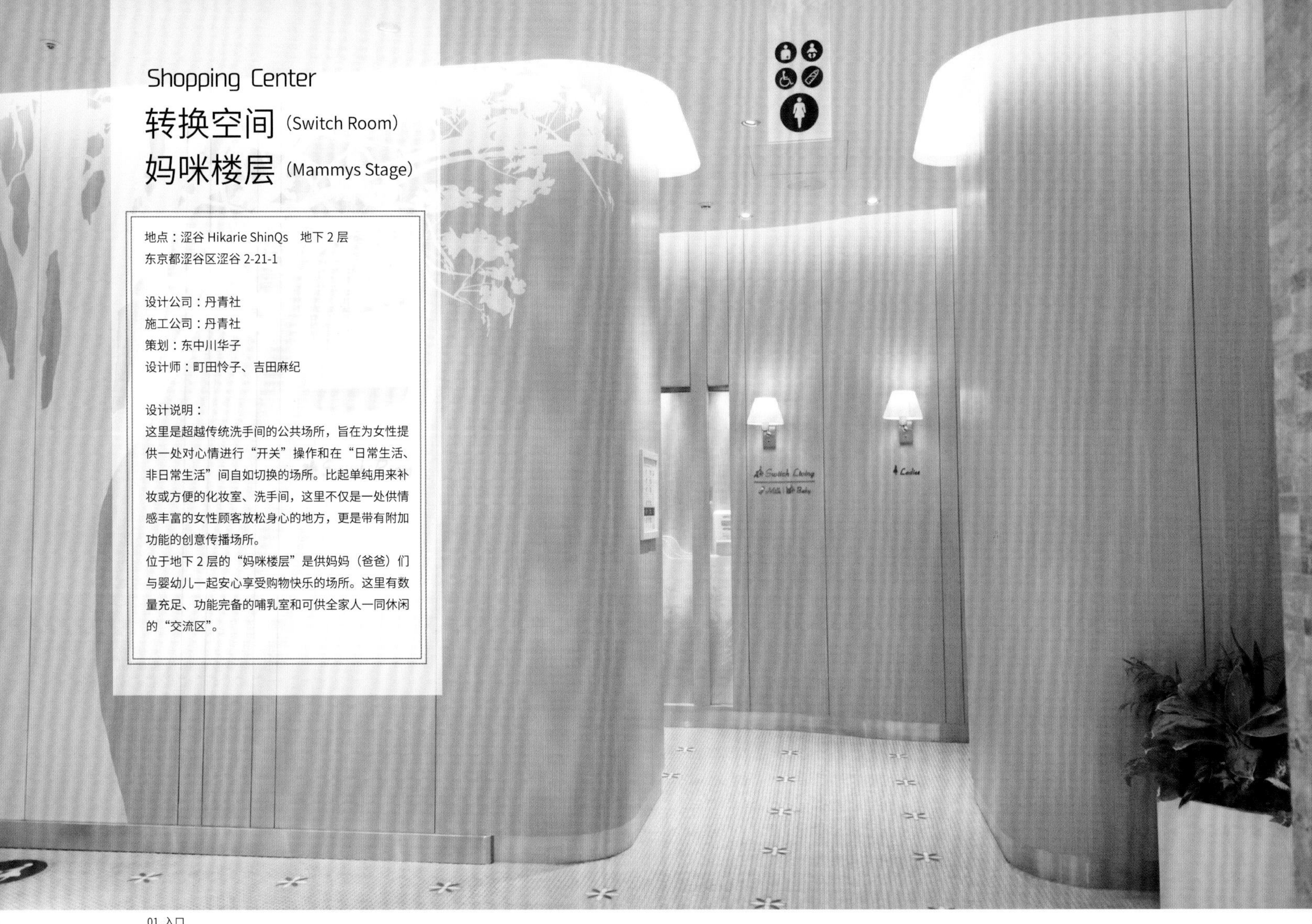

01. 入口

02. 艺术作品（入口）
踩动下面的开关，鸟笼中便会出现鸟儿。

03. 标志

04. 艺术作品（入口）

05. 交流区

06. 入口（交流区）

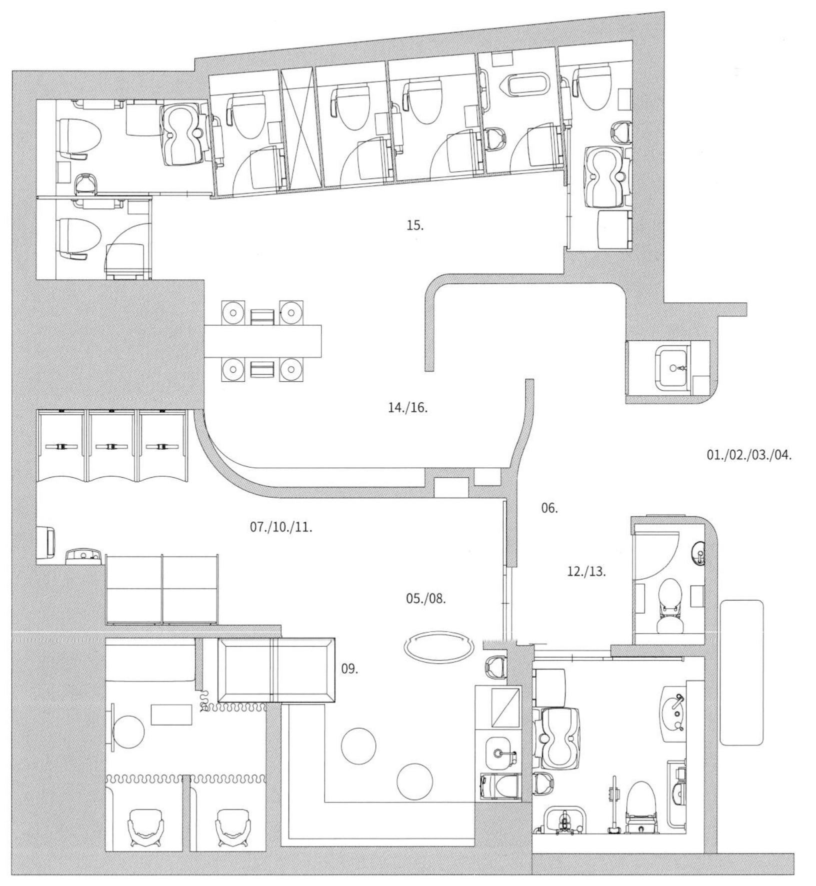

平面图

07. 婴儿床（交流区）

08. 休息区（交流区）

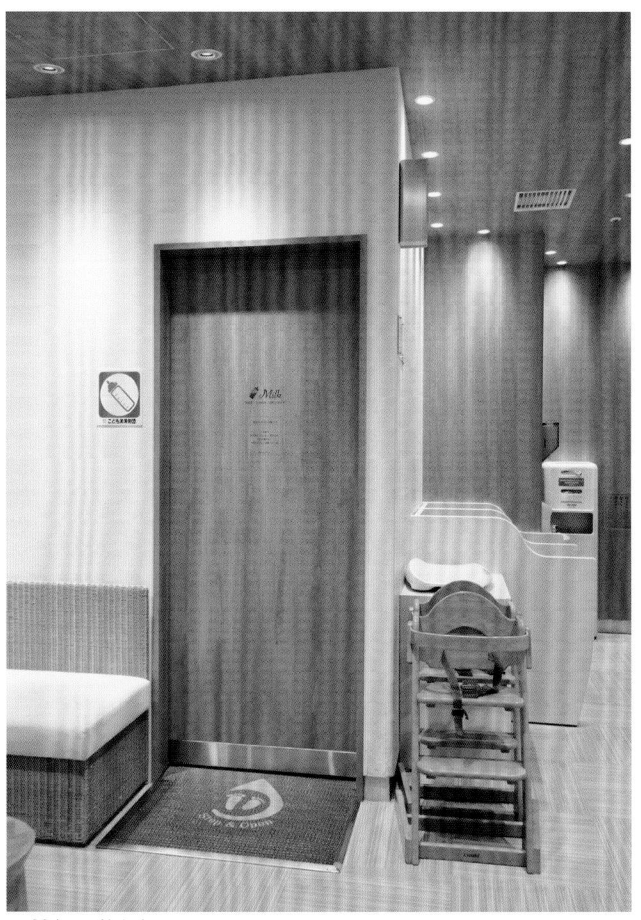
09. 哺乳室入口（交流区）

10. 视力检查表（交流区）

11. 身长・体重计（交流区）

12. 儿童洗手间

13. 儿童洗手间

14. 女士洗手间

15. 单人隔间（女士洗手间）

16. 盥洗池（女士洗手间）

Shopping Center

城堡风格的洗手间

地点：Colarful-Town 岐阜　2 层
岐阜县岐阜市柳津町丸野 3-3-6

设计公司：设计事务所 Gondola
施工公司：清水建设

设计说明：
这所洗手间位于 Colorful-Town 岐阜 2 层，2015 年随商业中心一并翻修，增设了“南瓜马车洗手间”和“马车洗手间”，吸引孩子们成为这里的“主人”。墙面铺设了风格独特的瓷砖，地板则修成石阶状，让人如同身居古代城堡。成人洗手间也使用了古典风格设计，独立的化妆角设有产生负离子的机器，功能十分先进。

01. 儿童洗手间

02. 入口

03. 单人隔间（儿童洗手间）

04. 单人隔间（儿童洗手间）

05. 盥洗池（儿童洗手间）

06. 入口

07. 标志（儿童洗手间 - 小便区）

08. 标志（儿童洗手间）

09. 标志（女士洗手间）

10. 男士洗手间

11. 女士洗手间

Shopping Center

大家的洗手间

地点：Colarful-Town 岐阜　1 层
岐阜县岐阜市柳津町丸野 3-3-6

设计公司：设计事务所 Gondola
施工公司：清水建设

设计说明：
这所洗手间以“供全家使用”作为设计理念。这里为孩子们准备了汽车形状的专用洗手间及相应尺寸的坐便器。孩子们可以想象自己是一名驾驶员坐进“汽车”，上洗手间这件事将变得更加有趣，相信这会有助于家长训练孩子养成上洗手间的好习惯。此外，洗手间内还设有尿布更换床、哺乳室、多功能隔间等，功能完备。门口处的长凳可供人等待、休息。一到假日，就会有不少爷爷奶奶、爸爸妈妈带着孩子过来。

01. 儿童洗手间

02. 单人隔间（儿童洗手间）

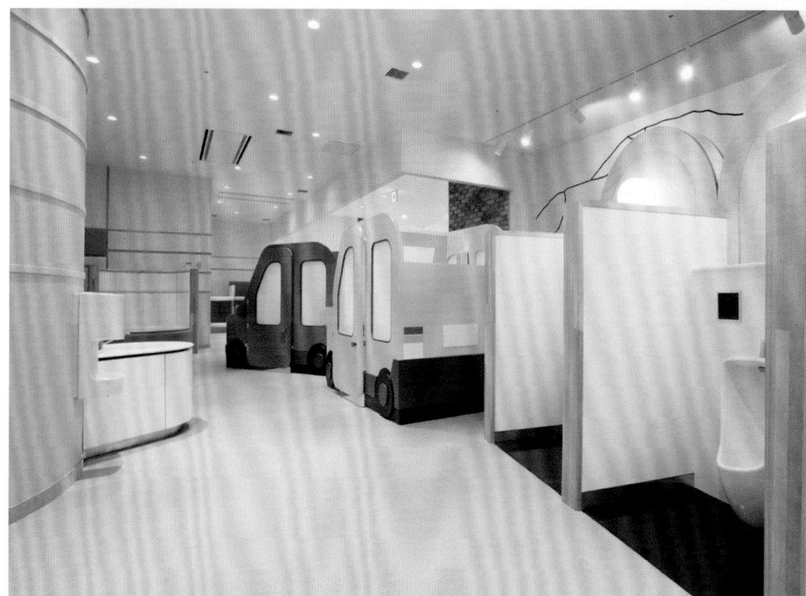

03. 儿童洗手间

04. 标志

05. 入口

06. 单人隔间与盥洗池（儿童洗手间）

07. 女士洗手间

08. 男士洗手间

Shopping Center

插花艺术画廊风格洗手间

地点：天王寺 MIO　7 层
大阪府大阪市天王寺区悲田院町 10-39

设计公司：Ric Design
施工公司：近创

设计说明：

天王寺 Mio 基于“建设最高水平购物中心，超额满足顾客期待，不断创造未来价值，为充满魅力的城市建设做出贡献”的企业理念，按照“洗手间是使顾客满意的重要魅力因素”的方针推进洗手间的翻修工程，旨在为顾客提供一处兼具设计性、功能性、舒适性的场所。

各层洗手间内格各不相同，在设计时充分考虑了所在楼层的主题风格。我们期待顾客能够发出诸如“我喜欢 7 层！”“我喜欢 5 层！”的赞叹。为使带孩子的顾客能够放心使用，我们在设计时特地邀请了女性专业团队前来考察，对随身物品放置位置、盥洗池、镜子尺寸及隔间面积等细节进行研究。

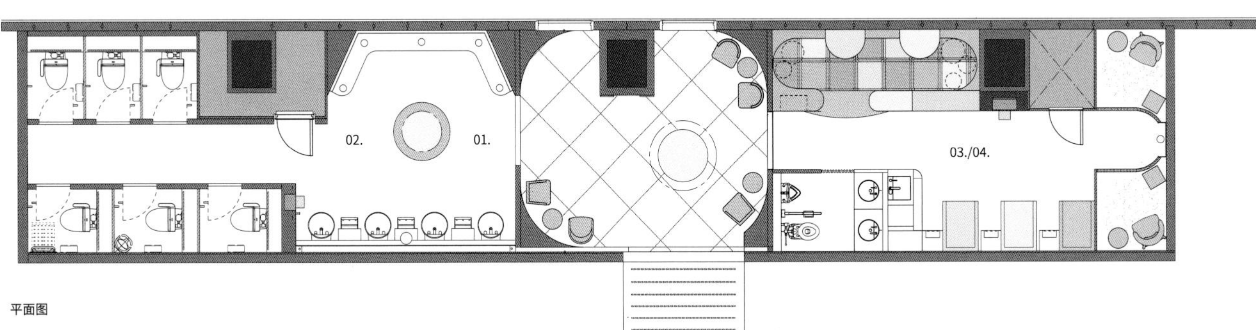

平面图

01. 化妆角与盥洗池（女士洗手间）

进入后，可以看见墙壁上绘制的一些法式时尚风格插画，一旁的儿童洗手间与此风格一致。相信母亲与孩子在这里都能感受到放心和舒适。

02. 化妆角（女士洗手间）

03. 儿童空间

04. 儿童空间

Shopping Center

华丽的洗手间

地点：川崎 More's　7 层
神奈川县川崎市川崎区站前本町

建筑面积：
82 m² /115 m²（含婴儿休息室）

设计公司：Ric Design
建筑设计：ZYCC 东京店
室内设计：三建服务工事、六兴电气

设计说明：
这所洗手间使用了由专业芳香疗法调配师配制的当季芳香剂和香水，室内氛围舒适而惬意。女士洗手间中设有精致而宽敞的专用化妆室，沙发上方的水晶吊灯熠熠生辉，整个空间尽显华丽。为方便带小孩的顾客使用，专门安排了婴儿室，其入口被设计为一片“小树丛”，铺设了木质地板，墙壁上装饰着泰迪熊，相信能够为家长与孩子带来轻松和愉快的体验。

01. 化妆角（女士洗手间）

02. 盥洗池（男士洗手间）

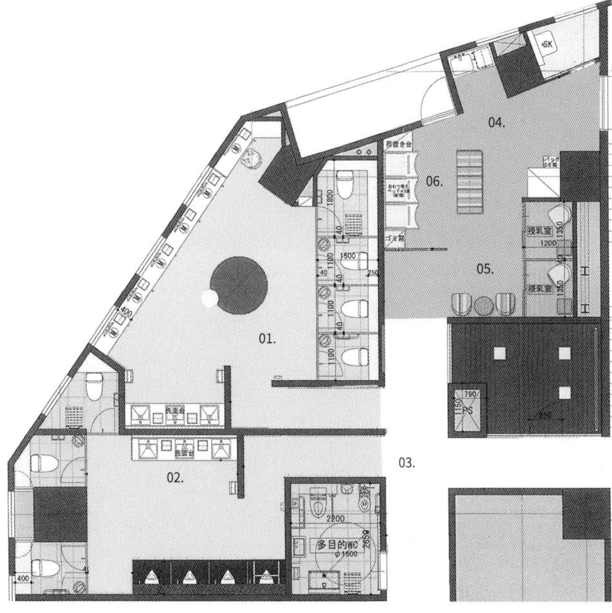

平面图

03. 入口

04. 婴儿室

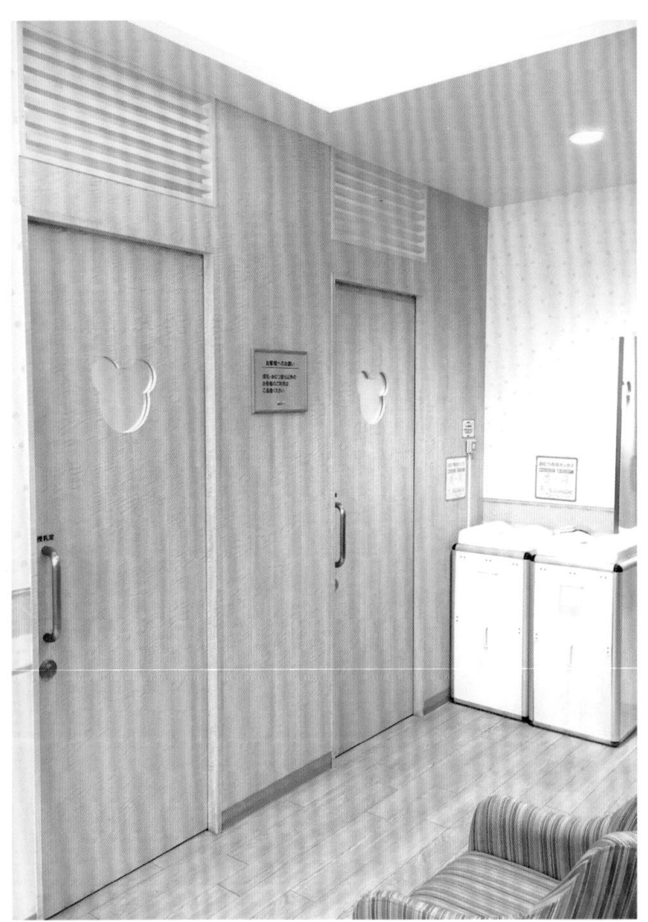

05. 哺乳室（婴儿室）

06. 休息区与婴儿床（婴儿室）

Shopping Center

专为家庭设计的洗手间

地点：博多 Marui　6 层
福冈县福冈市博多区博多车站中央街 9-1

设计公司：日本邮政＋三菱地所设计
设计管理：AIM 创意
施工公司：竹中工务店
摄影：Nacasa & Partners
图形设计：木村敏子
绿化设计：Breathgreen & spring

设计说明：
为回应顾客提出的建设“舒适”商店的要求，我们与各方一道，不断向前推进博多 MARUI 的店内环境建设。本店将洗手间的环境作为工作重点，为每层楼的洗手间都规划了相应主题。6 楼的洗手间主题为“专为家庭设计”。这里有方便男性顾客使用的婴儿房及供女性顾客与孩子一同使用的大型多功能隔间。

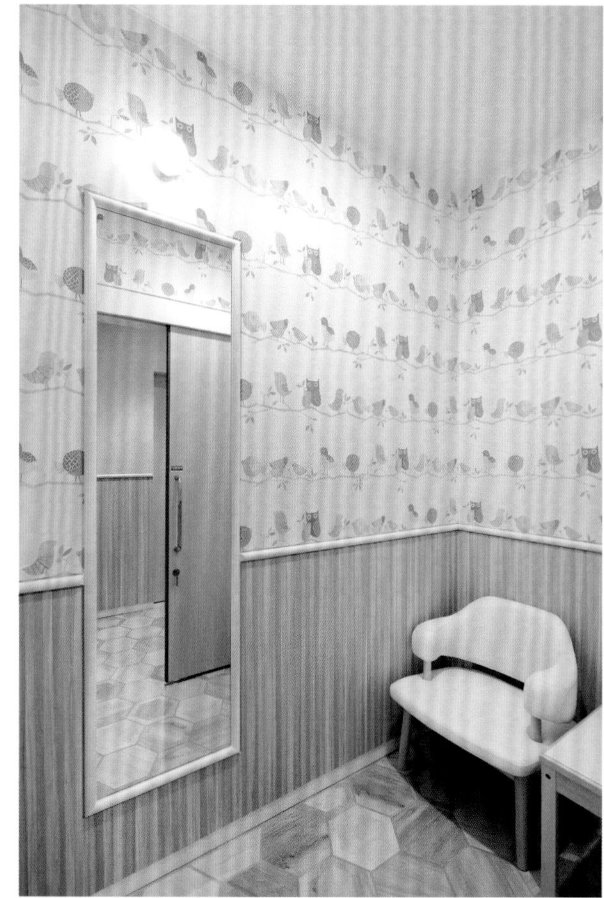

01. 哺乳室

02. 婴儿房
妈妈们可以根据墙壁上的图案为孩子们讲故事。

03. 入口

04. 女士洗手间

Shopping Center

Sandy (Sunday) 海滩露台 (Beach Terrace)

※ 具有 Sandy（沙子）Sunday（星期日）两层意思

地点：LUSCA 平冢
神奈川县平冢市宝町 1 番 1 号

建筑面积：73 m²

设计公司：设计事务所 GONDOLA
施工公司：S・P・D 明治
空调设计：高砂热学工业
卫生控制：芝工业
照明设计：日本电设工业

设计说明：
这是以海边生活（Seaside life）为主题的表现了湘南地区生活方式的 5 所洗手间。5 所洗手间风格各不相同，但都是仿照日本湘南地区的沿海风景展现出该地区舒适的生活环境。这里会定期举行“我最喜爱的洗手间”活动，并邀请顾客踊跃投票。位于楼内中央楼梯 5 到 6 层之间的“Sandy 海滩露台(Beach Terrace)”是 5 所洗手间中的一所。此外，中央楼梯 1 到 2 层之间还有一处名为“东海大学——Lusca 平冢艺术画廊（Tokai University×Lusca Hiratsuka Art Gallery）”的展厅，以半年一次的更新频率，展出东海大学艺术系（位于平冢）设计专业的学生们以平冢当地特色为主题创作的作品。

01. 入口
入口设计以“明媚的阳光中，孩子们在海滩上玩耍，在树荫下休息，度过一段休闲愉悦的时光”为理念，仿照假日海滩和露台设计自然清新的空间体验。

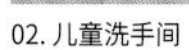

02. 儿童洗手间

03. 儿童洗手间

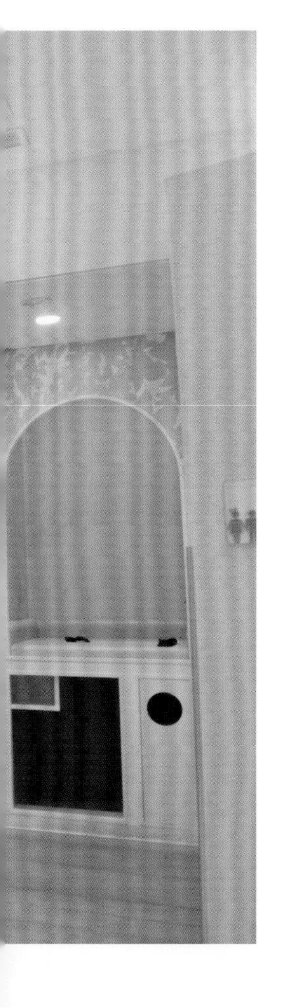

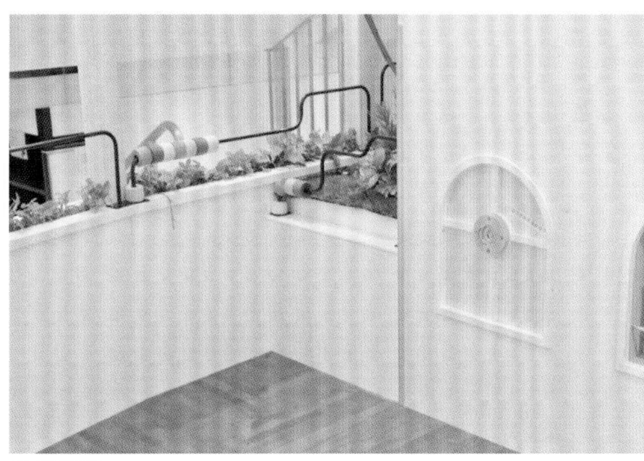

04. 艺术作品
绿色植物处放置了可供孩子玩耍的木制玩具，鲜亮、明艳的色调能够激发孩子玩耍的乐趣。

05. 婴儿床
婴儿床下方留有放置童鞋及随身物品的空间，并设有专用尿布回收箱。墙面的树上画着身高表。

06. 女士洗手间
在白色基调的基础上，使用鲜明的蓝色和明亮的照明，演绎出阳光明媚的清爽景象。露台风格的屋顶和绿色植物向内侧延伸，使洗手间与购物中心外墙立面相得益彰。

Shopping Center

怀有梦想和游乐之心的洗手间

地点：京王圣迹樱之丘购物中心 B 馆　7 层
东京都多摩市关户 1-10-1

设计说明：
这所洗手间位于销售婴幼儿服装、玩具的楼层，设计理念是“怀有梦想和游乐之心”。洗手间贴有五颜六色的瓷砖，孩子们能够在这里愉快玩耍。这处“洗手间广场”可谓是孩子们的王国！对于幼儿养成上洗手间的好习惯也有帮助。

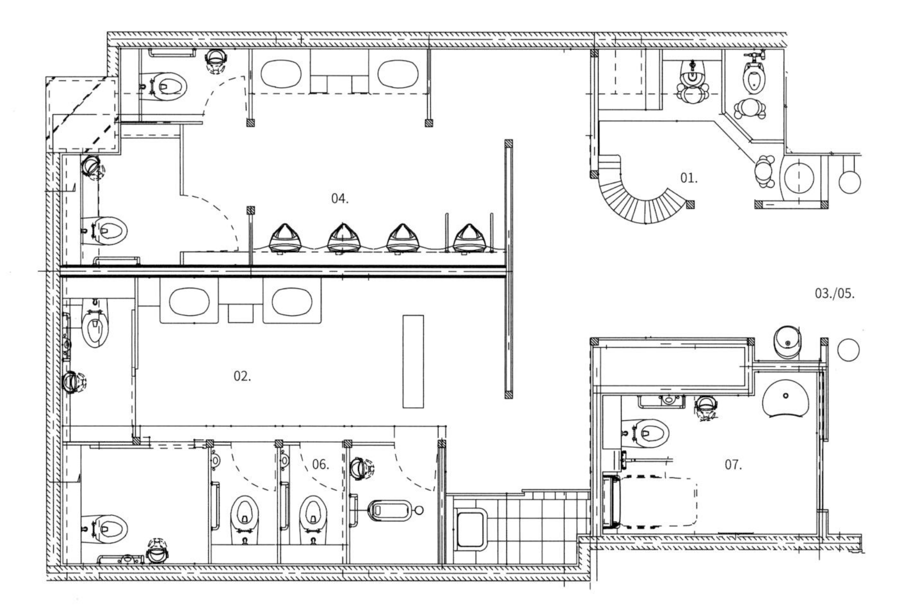

平面图

01. 儿童洗手间（洗手间广场）

02. 盥洗池（女士洗手间）

03. 入口

04. 小便区（男士洗手间）

05. 入口

06. 单人隔间（女士洗手间）

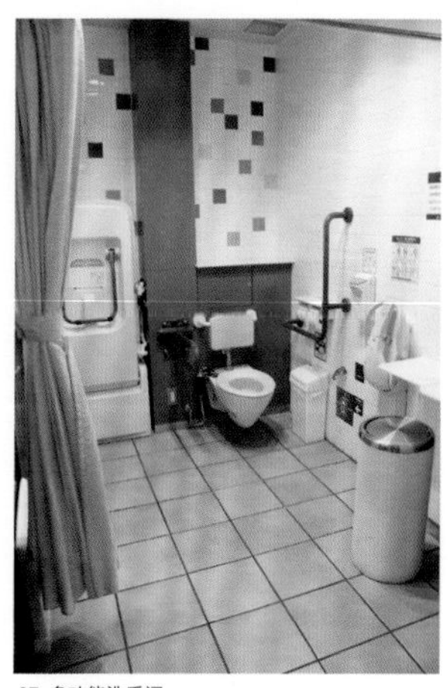

07. 多功能洗手间

Toilet 03

成年与时尚

Shopping Center

使用天然建材的成人洗手间

地点：NEWoMans　M2 层
东京都新宿区新宿 4-1-6

建筑面积：100 ㎡

设计公司：sinato
施工公司：东急 Renewal
绿化设计：Green Fingers

设计说明：
"NEWoMans"是一座旨在为追求高品位和真实性的成熟女性提供优质服务的购物中心。与那些由无机材料打造的普通洗手间不同，这所位于其中的洗手间在设计上充分利用了木、石、植物等天然材料，搭配温馨柔和的照明，营造出舒适宁静的整体氛围。这里设有岛式盥洗池，可有效避免人多拥挤，引导使用者快速前往化妆室或单人隔间。各功能区域外观设计富有变化，各具特色。

01. 女士洗手间

02. 入口

03. 哺乳室

04. 男士洗手间

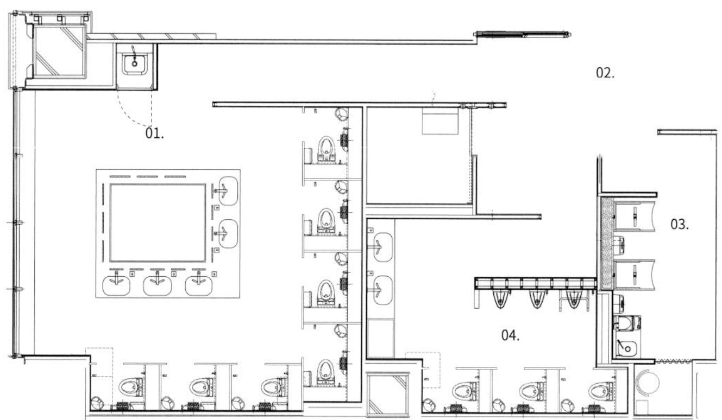

平面图

Shopping Center

使用天然建材的成人洗手间

地点：NEWoMans 4层
东京都新宿区新宿4-1-6

建筑面积：100 ㎡

设计公司：sinato
施工公司：东急 Renewal
绿化设计：Green Fingers

设计说明：
“NEWoMans”是一座旨在为追求高品位和真实性的成熟女性提供优质服务的购物中心。与那些由无机材料打造的普通洗手间不同，这所位于其中的洗手间在设计上充分利用了木、石、植物等天然材料，搭配温馨柔和的照明，营造出舒适宁静的整体氛围。这里设有岛式盥洗池，可有效避免人多拥挤，引导使用者快速前往化妆室或单人隔间。各功能区域外观设计富有变化，各具特色。

01. 女士洗手间

02. 化妆角（女士洗手间）

03. 单人隔间（女士洗手间）

04. 单人隔间（女士洗手间）

Shopping Center

精致的高品质成人洗手间

地点：Eki Marche 大阪
大阪府大阪市北区梅田 3-1-1

建筑面积：77.2 m²

设计公司：乃村工艺社
施工公司：乃村工艺社、大林组 JV

设计说明：
在设计这所洗手间时，施工方基于环境设计要素和所在商业设施的品位，对材质质感、颜色及手感进行了充分考虑。设计要达成的主要目标是拥有高品质的成年人洗手间和能平复心情、感受美好的空间。设计的主要课题是为每位使用者提供便利的个性化功能、像家一样干净、利用装饰、照明、香气营造良好氛围和具备多功能性与通用性。

01. 盥洗池（女士洗手间）

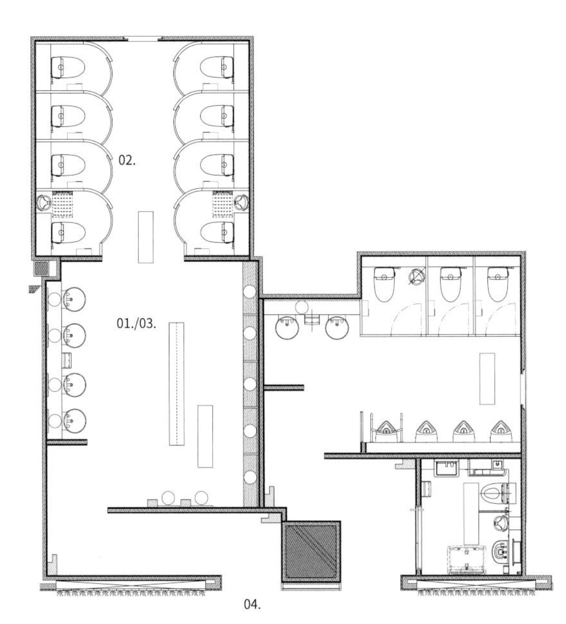

平面图

02. 单人隔间（女士洗手间）
拥有曲面设计的推拉门，使空间显得大气、宽敞。

03. 入口
右侧为男士洗手间和多功能洗手间，左侧为女士洗手间。

04. 化妆角与盥洗池（女士洗手间）
洗手区和化妆室设有大型物品存放架和宽敞的桌台。
照明经过精心设计，能够满足使用者的要求。

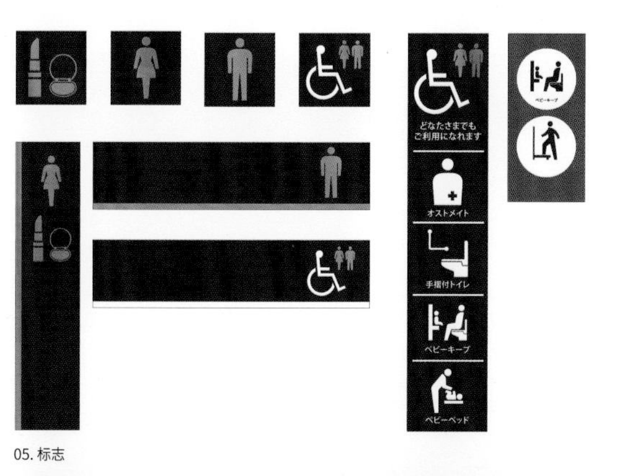

05. 标志

06. 入口标志（女士洗手间）

Shopping Center

洁净的高品位成人洗手间

地点：Solaria Plaza　2 层女士洗手间
福冈县福冈市中央区天神 2-2-43

建筑面积：48 ㎡

设计公司：AIM 创意
施工公司：AIM 创意

设计说明：
这所洗手间位于成年人爱逛的楼层，在高品位和洁净度方面做了精心的设计，搭配赏心悦目的花草，为顾客营造出一片舒适的空间。考虑该楼层为顾客主要进出通道，为满足顾客方便快捷的使用需求，最大程度扩充了单人隔间的数量，现共有 8 间，为整座购物中心单人隔间最多的洗手间。

01.

02.

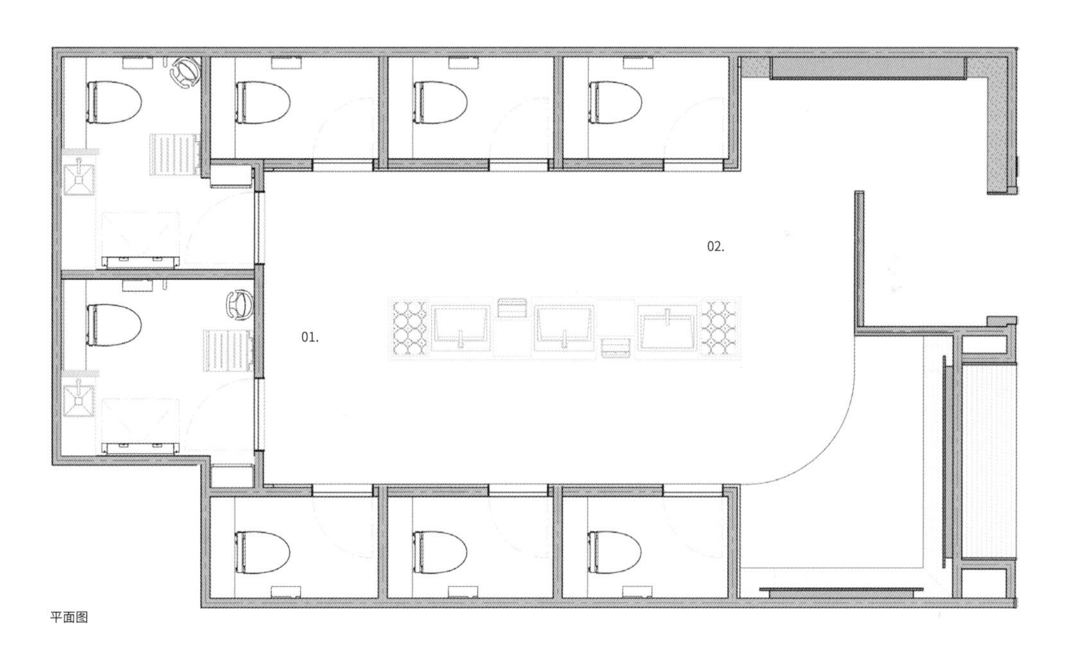

平面图

01. 女士洗手间
进入洗手间后能够一眼看到所有单人隔间的门，盥洗池位于中央区域。

02. 深处设有立式化妆角，使用者可在此简单补妆。

Shopping Center

方便宽敞的洗手间

地点：新宿 MARUI 本馆　5 层
东京都新宿区新宿 3-30-13

设计公司：石本建筑事务所、AIM 创意
施工公司：户田建设
摄影：Nacasa & Partners

设计说明：
这所洗手间在 2009 年 4 月开放。在整座购物中心“Third Place”（意为除住宅、办公室之外的第三去处）理念的指导下，立志建成新宿地区最受顾客满意的洗手间。这所洗手间空间宽敞，借助室外自然光和间接照明烘托出室内柔和的气氛。通过大规模种植绿色植物，使得室内空间更显舒适。化妆角以坐席为主，并设有组合式垃圾箱、随身物品存放处等，力求做到功能完备。

01. 化妆隔间

02. 女士洗手间

Shopping Center

感受礼法和情趣的洗手间

地点：Solaria Plaza　6 层男、女士洗手间
福冈县福冈市中央区天神 2-2-43

建筑面积：77 ㎡

设计公司：AIM 创意
施工公司：AIM 创意

设计说明：
这所洗手间位于餐厅和酒店大厅楼层，风格与其他楼层不同，旨在为成年人顾客提供身处书斋般的宁静体验。

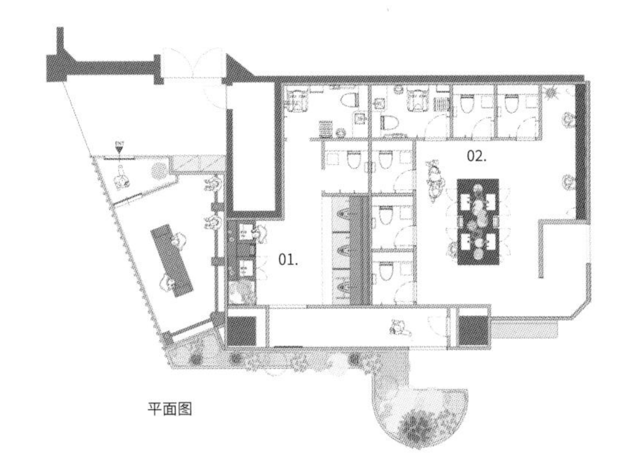

平面图

01. 男士洗手间
以“地球色系”作为配色基调，规划各部分功能区域。

02. 女士洗手间
位于中央区域的盥洗台拥有古色古香的桌台，使用者可以欣赏植物和墙上的图片。

Shopping Center

让双脚显得更加美丽的洗手间

地点：小仓井筒屋本店　2 层
福冈县北九州岛市小仓北区船场町 1-1

建筑面积：65.8 ㎡

设计公司：设计事务所 Gondola
施工公司：ZYCC、竹中工务店

设计说明：
如何利用照明设计，使原本狭窄的洗手间尽可能表现出纵深感，是这所洗手间的设计主题之一。此外，由于靠近销售女鞋的商店，"如何让女性的双脚显得更加美丽"便成为这所洗手间的另一个设计主题。通过在入口及走廊墙壁上安装狭缝形状的间接照明，令使用者的双脚在光照下显得更加靓丽。入口处每隔一定距离装有全身镜，使用者无需停下脚步便可以整理仪表。此外，位于中央区域的盥洗台四个侧面均装有灯饰，在满足使用者需求的同时令人赏心悦目。

01. 入口

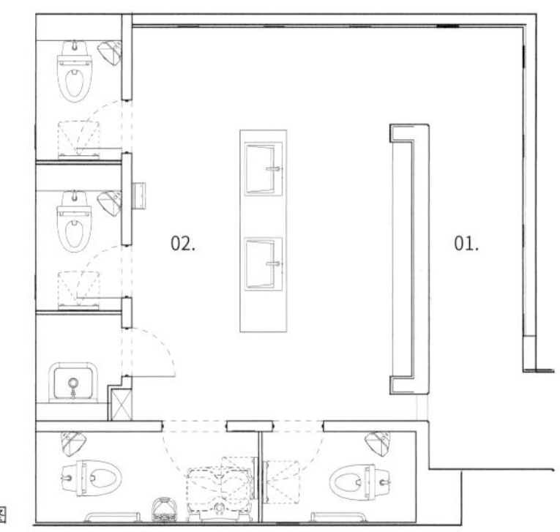

平面图

02. 女士洗手间

Shopping Center

闪耀的洗手间「M-Room ～ Clair ～」

地点：MINT 神户　3 层女性专用洗手间
兵库县神户市中央区云井通 7 丁目 1-1

建筑面积：约 63.6 ㎡

设计公司：乃村工艺社
施工公司：竹中工务店、乃村工艺社（内部装修）

设计说明：
为帮助女性实现“360 度美丽”，设计师将镜子与威尼斯玻璃、水晶和大理石等建材组合起来，为成年顾客呈现一处奢华靓丽的空间。“M-Room”意指“女性专用空间”，“M”也取自购物中心名“M-INT”和法语中对女性的敬称“Madame”、“Mademoiselle”的首字母。3 层与 5 层洗手间均冠以“M-Room”之名，并各自拥有自己的爱称。3 层因使用了奢华、靓丽的建材，犹如一位闪耀着灿烂光芒的女性，故从法语中选择代表“明亮”“闪耀”“光泽”的“Claire”一词为其命名。除建材和设计外，设计师还对挂钩的形状和安装位置进行了精心设计，相信能够为女性顾客带来方便。为使顾客能够在此调适身心，还根据季节选用了不同种类的天然芳香精油。

01. 入口
这是位于店铺与洗手间连接处的主要通道和标志。墙壁上挂着的巴黎风景画能够让人联想起化妆室。类似 M-INT 神户主题色彩的“淡雅薄荷色”图片则营造出令人舒适的气氛。走出通道，左转便可找到洗手间。

02. 单人隔间（女士洗手间）
所有单人隔间中均设有婴儿椅、更衣踏板和全身镜。随身物品存放台和挂钩位置经过精心设计，便器与冲洗按钮间距适宜，为女性顾客的使用带来方便。

03. 盥洗池（女士洗手间）
盥洗池墙壁处贴有威尼斯风格的瓷砖，挂钩和随身物品存放台设计得十分宽敞，镜子旁设有灯饰和化妆放大镜，便于顾客随时补妆。在光照下，闪闪发光的水晶球中备有洗手液。

04. 化妆隔间（女士洗手间）
6 处坐式化妆角均免费提供棉棒、棉球、纸巾等用品和插座，并设有随身物品存放台和雨伞钩，为女性的“美貌”提供便利。照明灯光能够使女性肌肤看起来更加自然靓丽。此外，为使顾客能够在此调适身心，还设有天然芳香精油香熏。

05. 入口
这是位于走廊尽头处与洗手间相连的房间，顾客可以在此小坐休息。为方便女性顾客，两侧墙壁上均装有镜子。带靠背的椅子和矮凳坐面较宽，可同时放置随身物品。

Shopping Center

体会动感的洗手间

地点：Canal Cityl 博多　地下 1 层
福冈县福冈市博多区住吉 1-2

建筑面积：63.1 ㎡

设计公司：设计事务所 GONDOLA
施工公司：Sunlife

设计说明：
"Canal Cityl 博多"购物中心开业于 1996 年，当时以建设"都市中的新都市"作为经营理念，在商业、商务、娱乐、酒店等诸多领域取得了成功，吸引了大批年轻人、家庭、观光客和工薪族前来消费。"Canal Cityl 博多"以其独特的环境和乐趣被人们所喜爱，俨然已经成为一座真正的"城市"。竣工 15 年以来，日本全国各地建立起各式各样的综合商业设施，"Canal Cityl 博多"的新鲜感和稀有性逐渐减弱。为使其恢复往日的生机，公司决定对"Canal Cityl 博多"进行改造。其中洗手间是重要一环。
这所洗手间附近的地下广场，有一处高约四层的层，名为"Sun Plaza Stage"的舞台，过去常用来举行娱乐活动。考虑到这个因素，在设计洗手间时，注重将其与"Sun Plaza Stage"的舞台风格相统一，使人身处洗手间的同时，也能感受舞台中的动感与热情。此外，"水"被确定为设计中的主体元素，与"Sun Plaza"所代表的"流动的水"相对应，洗手间力求表现出"安静的水"。与拥有各类表演、水上秀和狂欢人群的"动感世界"一步之遥的，是静水缓缓流淌和洁净的洗手间。入口处设有一个小广场，营造出水波粼粼的光影效果，令等待区域的空间显得宽敞、悦目。墙面上绘有波纹状的圆弧，为保证顾客安全、放心地使用，各区域被设计成若隐若现的效果。当人们打开盥洗池水龙头时，上方便会出现水波荡漾的影像，细心的人们会发现，这是一处经过精心设计的装置艺术作品。

01. 入口

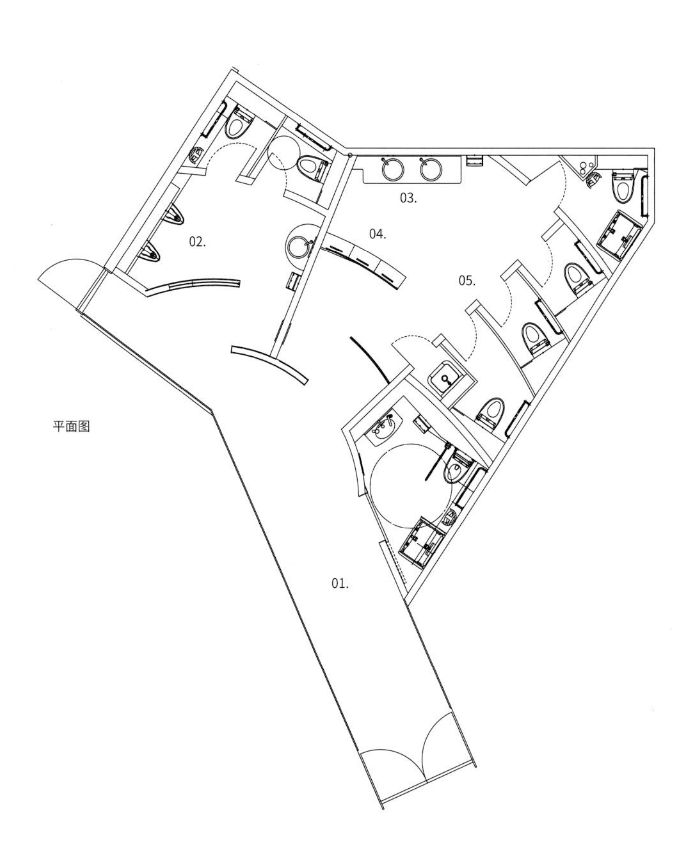

平面图

02. 小便区（男士洗手间）

03. 盥洗池（女士洗手间）

04. 化妆角（女士洗手间）

05. 单人隔间（女士洗手间）

Shopping Center

转换空间（Switch Room）时尚造型楼层（Style-Up Stage）

地点：涩谷 Hikarie ShinQs　3 层
东京都涩谷区涩谷 2-21-1

设计公司：丹青社
施工公司：丹青社
绿化设计：东中川华子
设计师：町田怜子、吉田麻纪

设计说明：
这里是超越传统洗手间的公共场所，旨在为女性提供一处对心情进行“开关”操作和在“日常生活、非日常生活”间自如切换的场所。比起单纯用来补妆或方便的化妆室、洗手间，这里不仅是一处供女性顾客放松身心的地方，还是一个带有附加功能的创意传播场所。
洗手间位于 3 层的“时尚造型楼层（Style-Up Stage）”专为情感丰富的女性顾客而建，功能齐全。除安装有去除异味和花粉的“风淋”系统外，还备有可以展示购物中心信息的“Eye Catch Mirror”设备。

01. 入口

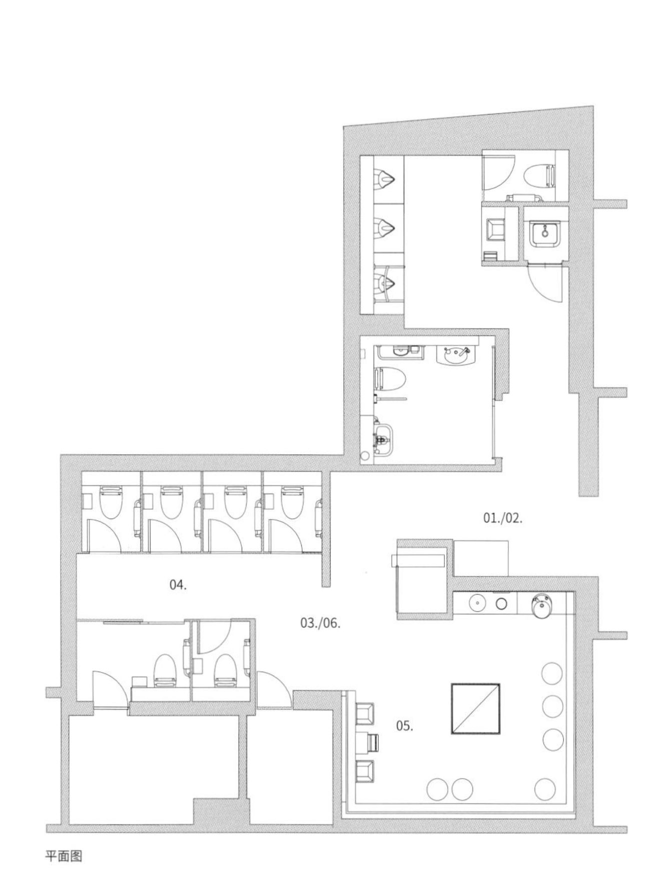

平面图

02. 入口

03. 化妆角（女士洗手间）

04. 单人隔间（女士洗手间）

05. 盥洗池（女士洗手间）

06. 盥洗池（女士洗手间）

Shopping Center

阿倍野“海阔天空”大厦近铁总店洗手间

地点：阿倍野“海阔天空”大厦近铁总店塔层 5层
大阪府大阪市阿倍野区阿倍野筋 1-1-43

设计公司：竹中工务店
设计公司 管理部门：INFIX
施工公司：竹中工务店

设计说明：
这所位于阿倍野“海阔天空”大厦的洗手间入口区域充分利用了自然光源，化妆角功能齐全，部分楼层还设有更衣室和沙发，力争为顾客提供清洁、舒适的空间享受。阿倍野“海阔天空”大厦近铁总店立志成为“顾客停留时间位居日本首位”的百货商店，要达成这一目标，不仅需要提升购物的魅力，还应在洗手间、休息区域等方面下足工夫。当初在设计大厦洗手间时，根据所在楼层顾客特点及销售物品特色对内部装修进行了充分细致的调整。
这所位于塔层 5 层女士服装楼层的洗手间在设计时充分考虑顾客的特点，使用蓝色作为内部装修的基调颜色，突显出宁静的氛围。

01. 盥洗池（女士洗手间）

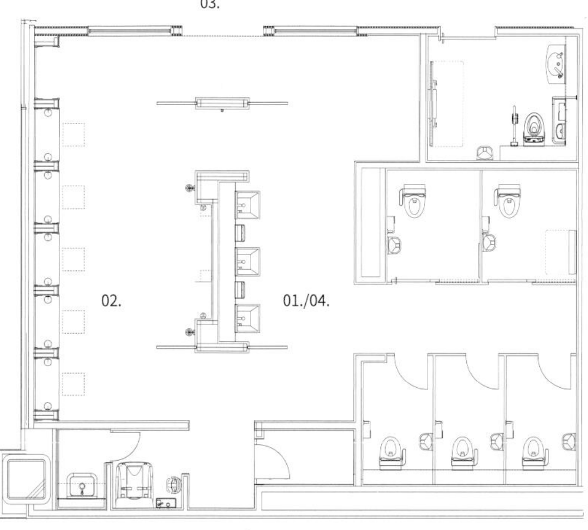

平面图

02. 化妆室（女士洗手间）

03. 入口（女士洗手间）

04. 绿色植物

Shopping Center

阿倍野“海阔天空”大厦近铁总店洗手间

地点：阿倍野“海阔天空”大厦近铁总店塔层 2层
大阪府大阪市阿倍野区阿倍野筋 1-1-43

设计公司：竹中工务店
施工公司：竹中工务店

设计说明：
这是位于塔层 2 层的洗手间。考虑平时附近人流量较大、使用人数较多的问题，洗手间内备有沙发，化妆室中则摆放若干休息椅，并设有更衣室，适当地为使用者留出了活动空间。

01. 化妆室（女士洗手间）

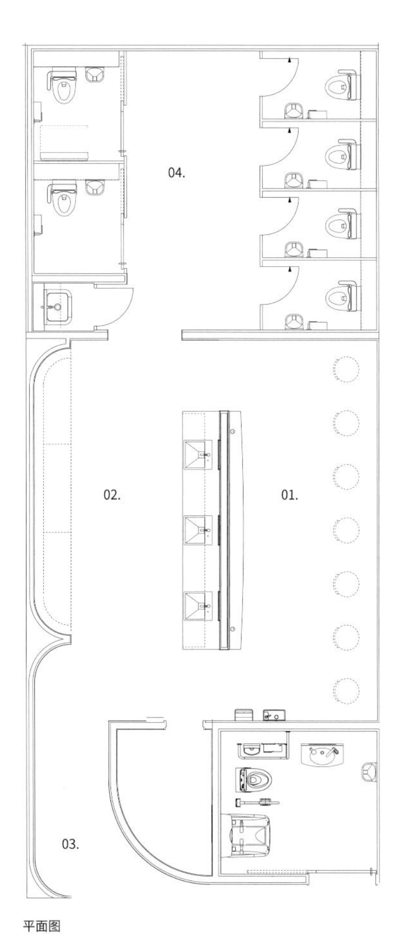

平面图

02. 盥洗池（女士洗手间）

03. 入口（女士洗手间）

04. 单人隔间（女士洗手间）

Shopping Center

拥有原创瓷砖的洗手间

地点：涩谷 Modi　地下 1 层
东京都涩谷区神南 1 丁目 21-3

设计公司：AIM 创意 （永岛、岩本、金子）
照明设计：AIM 创意（今子）
标志设计：AIM 创意（名取）
施工公司：AIM 创意

设计说明：
结合所在商业设施“建设智能商业空间”的目标，设计了这所能够满足顾客求知欲和多样化需求的洗手间。与所在商业设施总体设计理念“Mix Chic + Time Less”（丰富别致和高效省时）一样，洗手间拥有宁静、舒适的环境氛围，建筑材料随时间推移韵味渐显，灯具结合了古典与现代创意，花草按植物细密画风格立体种植，标志符号尽显原创色彩。

01. 盥洗池（女士洗手间）

02. 原创瓷砖

03. 单人隔间（女士洗手间）

04. 化妆角（女士洗手间）

Shopping Center

Tenchika Dramatic Trip Room

“英国女作家的书斋”

地点：天神地下街　东 2 番街
福冈县福冈市中央区天神二丁目地下 1.2.3 号

建筑面积：38 ㎡

设计公司：丹青社
施工公司：丹青社
摄影：Blitz Studio　石井纪久

设计说明：
2016 年 9 月是天神地下商业街开业 40 周年。作为纪念活动一环，商业街对洗手间实施了翻修工程。工程的理念是“天神地下商业街的戏剧之旅（Tenchika Dramatic Trip Room）”。翻修后的洗手间与仿照 19 世纪欧式高品位街景设计的天神地下商业街风格协调，顾客仿佛置身于另一个世界。为方便女性顾客使用，洗手间在翻修过程中进一步完善了相关功能，扩大了化妆室面积，并增设了单人隔间。作为一处位于地下商业街的、以方便公众为主要目的的洗手间，细节上却尽量做到了精心设计。通过调节照明灯具，可实现日夜两种照明模式。各洗手间还设有与氛围相适应的香熏。
这所位于东 2 番街的洗手间的主题是“英国女作家的书斋”。

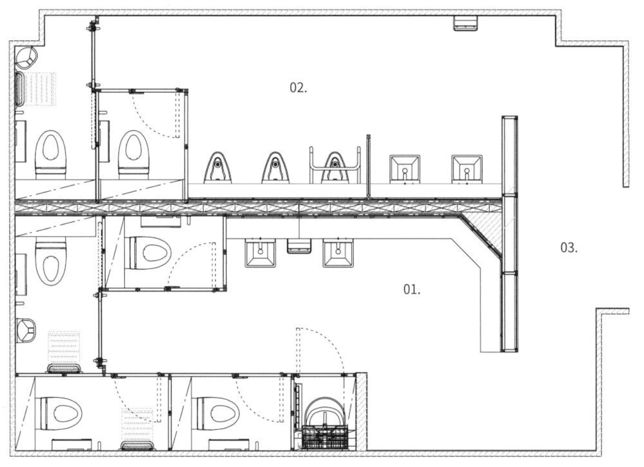

平面图

01. 盥洗台和化妆角（女士洗手间）
盥洗台的镜子设计成书斋窗户的形状，上方装饰着一排外文旧书，显示出智慧和宁静的空间氛围。

02. 男士洗手间
墙壁上悬挂着一张作家提笔写作时的棕褐色调照片。

03. 入口

充分利用顶棚较高的特点，将墙壁打造成一面书架，这样显得十分厚重。墙面上方还绘有文豪们的名言警句。

Shopping Center

Tenchika Dramatic Trip Room

“时尚女设计师的时装店”

地点：天神地下街　西 6 番街
福冈县福冈市中央区天神二丁目地下 1.2.3 号

建筑面积：68 m²

设计公司：丹青社
施工公司：丹青社
摄影：Blitz Studio　石井纪久

设计说明：
这所位于西 6 番街的洗手间的主题是“时尚女设计师的高级时装店”。

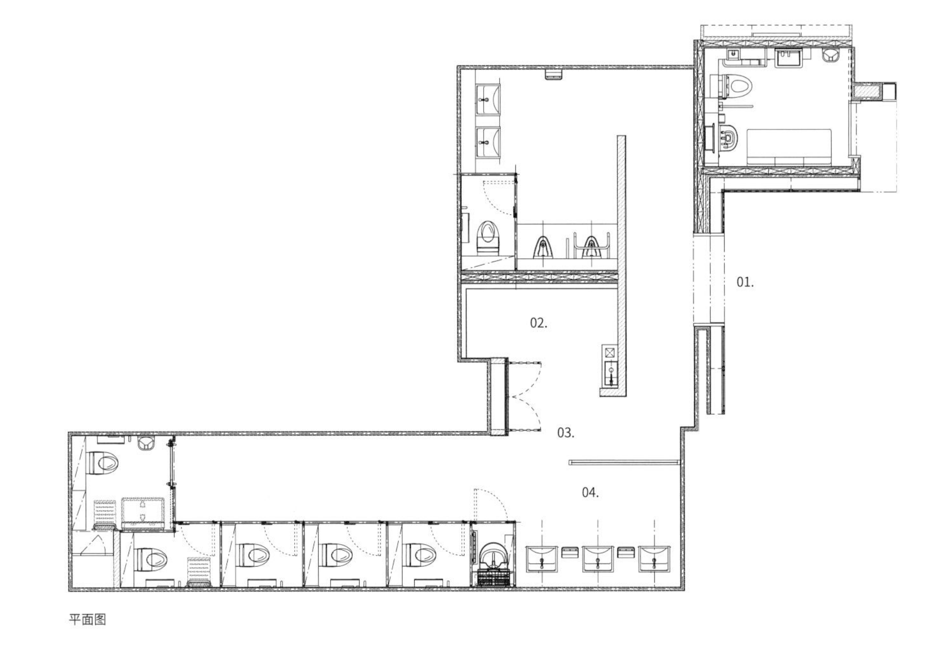

平面图

01. 入口
黑白色调立面的漂亮橱窗给人留下深刻印象。

02. 化妆角（女士洗手间）
一到晚上，镜子表面便会浮现出艺术家们的名言。

03. 艺术作品（女士洗手间）
这处象征着时装店的展示柜，使整个黑白空间充满创意与设计品位。

04. 盥洗台（女士洗手间）
盥洗台上方悬挂着具有现代复古风格的黑白色调鹿头装饰品。

Shopping Center

Tenchika Dramatic Trip Room

“法国王妃的别墅”

地点：天神地下街　东 10 番街
福冈县福冈市中央区天神二丁目地下 1.2.3 号

建筑面积：53 ㎡

设计公司：丹青社
施工公司：丹青社
摄影：Blitz Studio　石井纪久

设计说明：
这所位于东 10 番街的女性专用洗手间的主题是“法国王妃的别墅”。

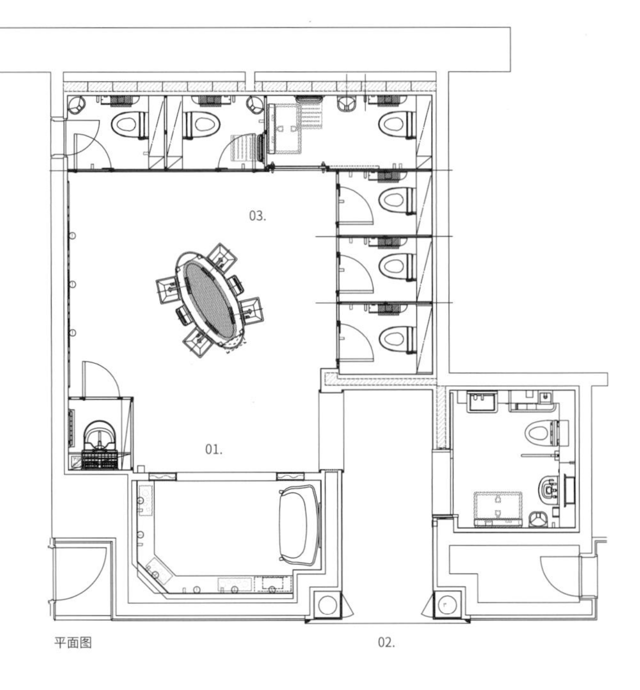

平面图

01. 化妆角（女士洗手间）
穿过风格独特的入口，映入眼帘的是装饰着花朵的化妆角。顾客在这里仿佛是公主。

02. 入口（女士洗手间）
入口处以为白色调为主，品位高雅而稳重。

03. 盥洗池（女士洗手间）
这处充满女人味的华丽空间让人梳洗后精神一振。

Shopping Center

“奥黛丽·赫本的后台休息室”

地点：Lunine　横滨店
神奈川县横滨市西区高岛 2-16-1

建筑面积：约 31 ㎡

设计公司：阵设计
施工公司：SIKO
设计公司 er：CPC

设计说明：
在这所名为“奥黛丽·赫本的后台休息室”的洗手间中，顾客们仿佛能够感受到自己就是一名女明星，正在这处华丽的后台休息。
这所洗手间位于以“高品质、现代感”为理念的楼层中，表现的是广受女性欢迎的奥黛丽·赫本的“世界观”——在洗手间（后台）梳妆打扮，在商店（衣帽间）选择服装，最后走向室外（舞台）。

01. 楼层内区

02. 入口（女士洗手间）

03. 女士洗手间

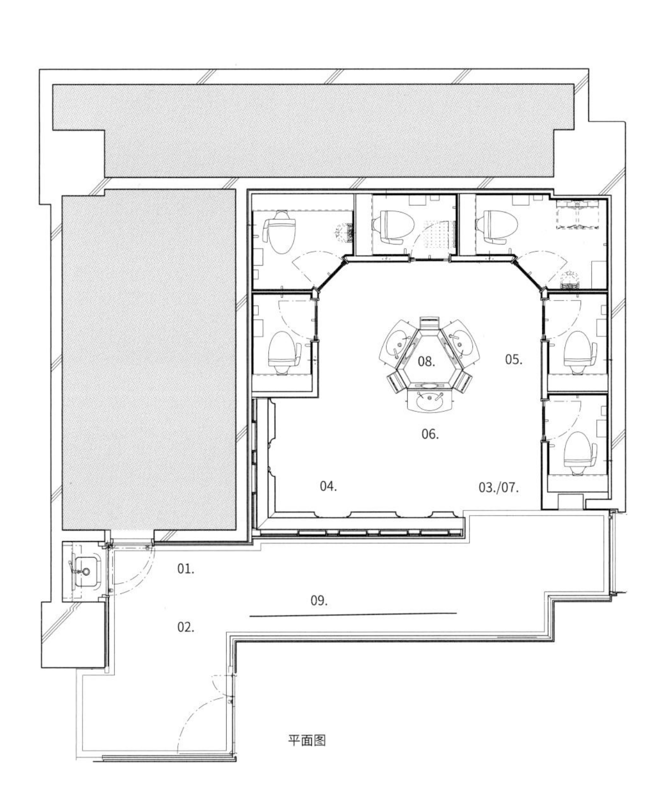

平面图

04. 化妆角

05. 单人隔间（女士洗手间）

06. 盥洗池（女士洗手间）

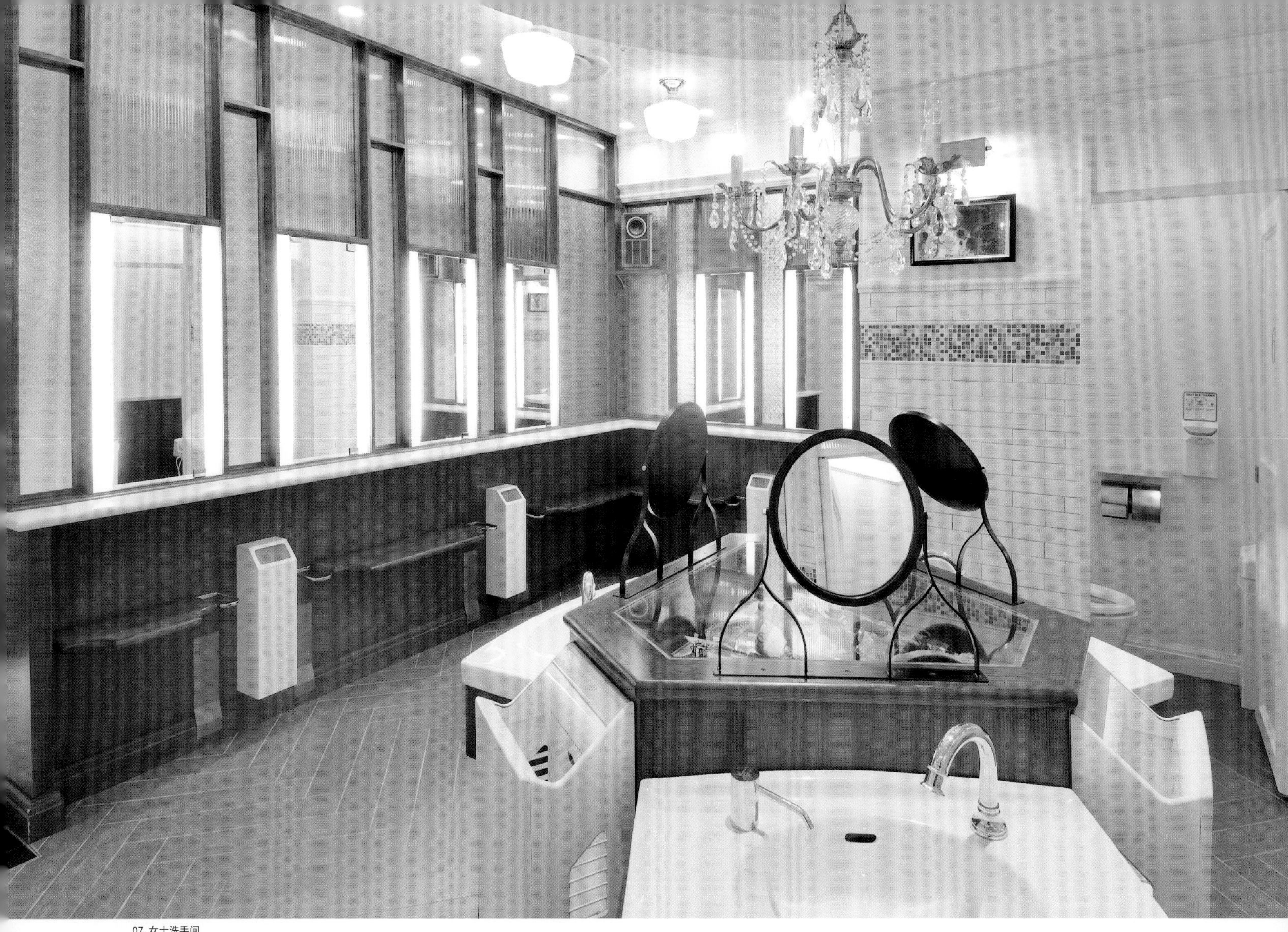

07. 女士洗手间

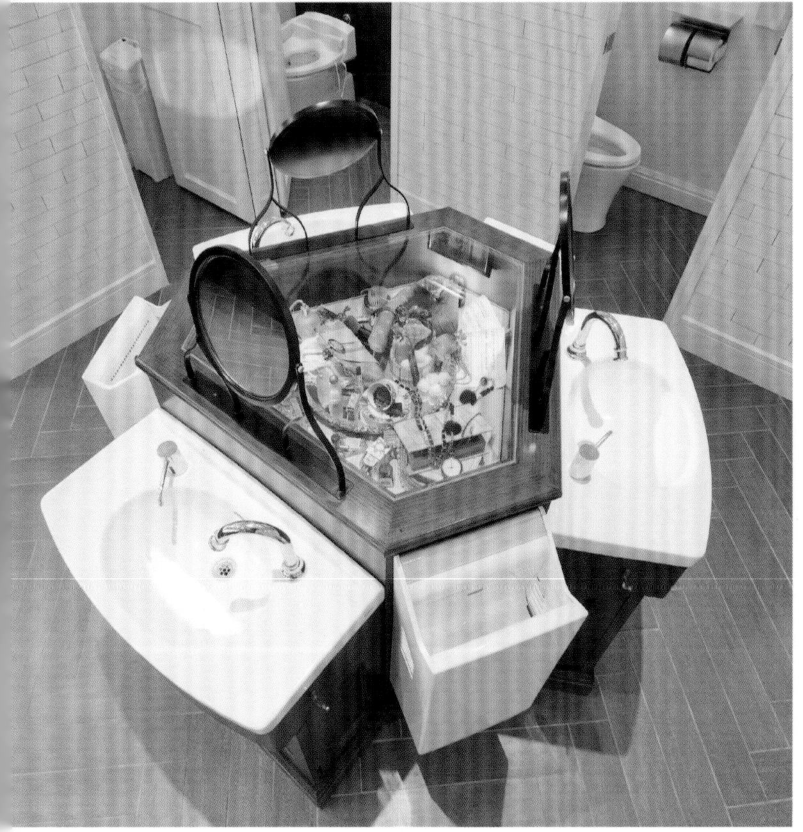

08. 盥洗池

09. 艺术作品

能够“变身”成为女明星的洗手间

地点：Kirarina 京王吉祥寺　5 层
东京都武藏野市吉祥寺南町 2 丁目 1 番 25 号

建筑面积：77.7 ㎡

设计公司：设计事务所 Gondola
施工公司：大成建设京王建设共同企业体
施工公司（洗手间）：日建设计
施工公司（室内）：J. Front 建装

设计说明：
这些充满艺术感的原创铁艺装饰，展现出浓郁的吉祥寺地区风格。顾客可以坐在这些如鸟笼般的单人化妆位或更衣隔间中从容地补妆、更衣，畅想自己就是一位女明星。这所洗手间有意竞选“吉祥寺地区最佳洗手间”。

01. 化妆隔间（女士洗手间）

02. 女士洗手间

03. 单人隔间与圆洗池（女士洗手间）

04. 入口（女士洗手间）

05. 化妆隔间（女士洗手间）

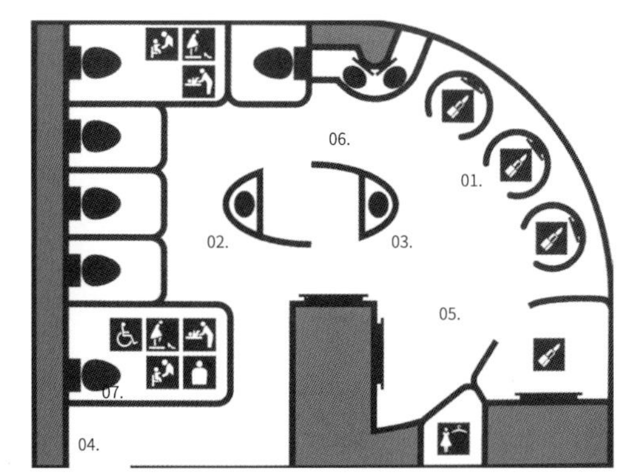

平面图

06. 单人隔间与盥洗池（女士洗手间）

07. 多功能洗手间

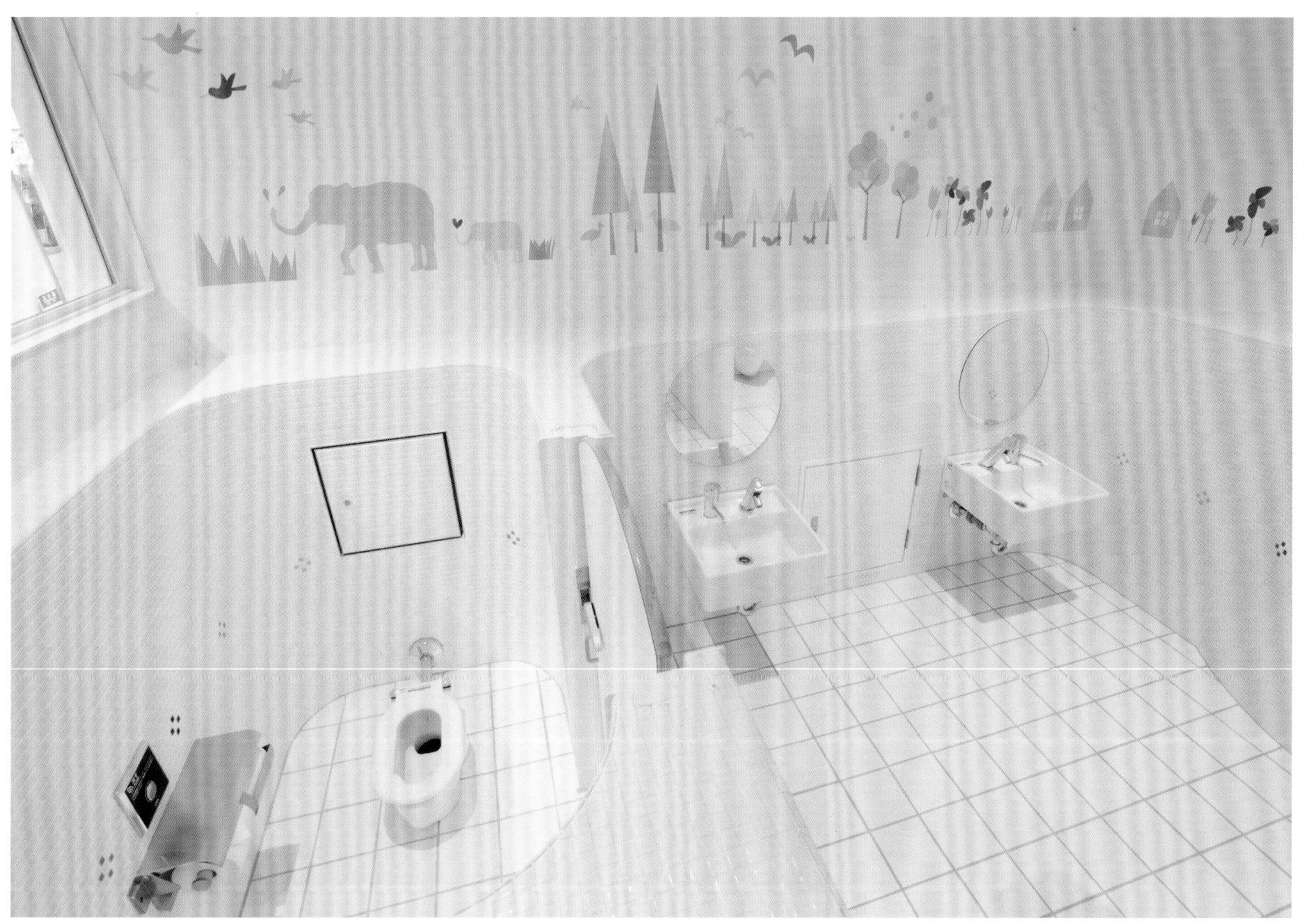

08. 儿童洗手间

Service Area

吸引人慕名而来的洗手间

地点：新东名高速公路
Neopasa 骏河湾沼津（上行方向）
静冈县沼津市根古屋 998-27

建筑面积：133 ㎡

设计公司：中日本高速公路 东京分社青年女性工作团队
设计公司 管理部门：三菱地所设计
施工公司：清水建设

设计说明：
这里是新东名高速公路上唯一一处能够看到海的地方。这所洗手间外观上仿照人和货物集中的海港城镇设计，游客们可以在此休闲小坐。登上 2 层露台，便能够眺望大海。为了吸引更多人上层观景，在本公司年轻女性工作团队的提议下，将女士洗手间设置在 2 层。

01. 化妆隔间（女士洗手间）

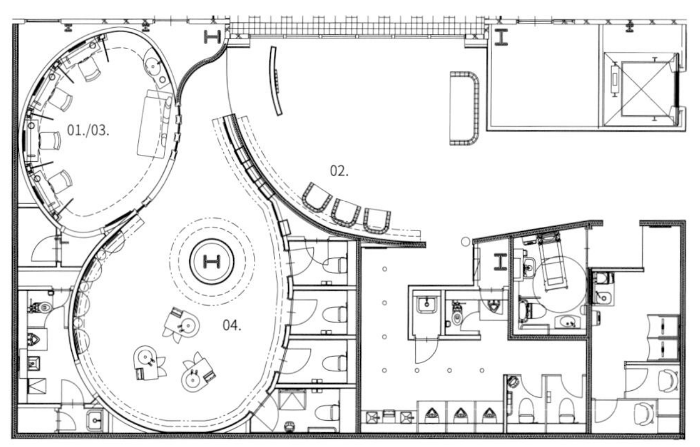

平面图

02. 入口（女士洗手间）

考虑女性在洗手间中停留的时间比男性更长，故在女洗手间入口处设置等候室，摆放长凳供男性游客使用。

03. 化妆隔间（女士洗手间）

04. 女士洗手间

对移动路线作了精心设计，引导使用者沿着洗手间—盥洗池—化妆角的自然顺序单向移动。

闪闪发光的洗手间

地点：Piole 姬路　3 层
兵库县姬路市站前町 188-1

建筑面积：约 70 ㎡

设计公司：INTER.L
施工公司：竹中工务店　JV

设计说明：
这是一所便捷、舒适的顾客专用洗手间。piole 姬路一直致力于完善洗手间的设计，不断更新设备功能。在选用洗手间用品和照明时，均要求参照和结合各门店的环境特点和设计理念。piole 姬路尤其重视为女性顾客和带孩子的顾客，为她们提供方便使用的洗手间。这所女士洗手间中共设有 53 个单人隔间，有效缓解了人多拥挤的问题。

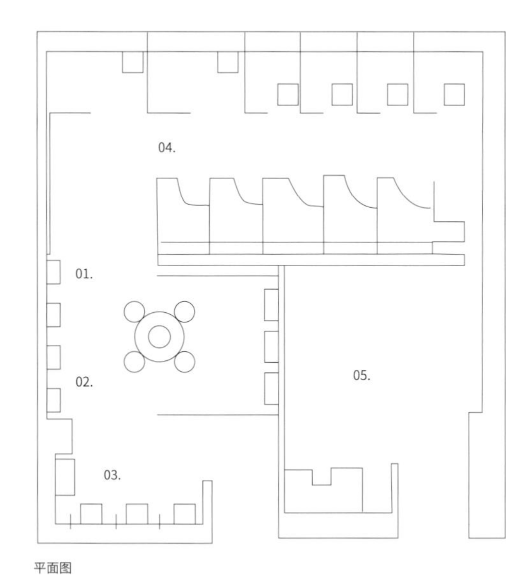

平面图

01. 化妆角（女士洗手间）

02. 化妆角（女士洗手间）

03. 化妆隔间（女士洗手间）

04. 单人隔间（女士洗手间）

05. 哺乳室

Shopping Center

追求美感的洗手间

地点：京王圣迹樱之丘购物中心 B 馆　4 层
东京都多摩市关户 1-10-1

设计说明：
这所洗手间位于销售女性时装和美容用品的楼层，设计理念是“女性追求美感的空间”。洗手间是仿照宫殿中的一室来设计的。女性顾客来到这里，仿佛置身于童话世界，自己变成其中的女主人公。风格新颖的化妆室中摆放着化妆品和装饰品及畅销商品的免费试用装。

01. 女士洗手间

02. 入口（女士洗手间）

03. 入口（女士洗手间）

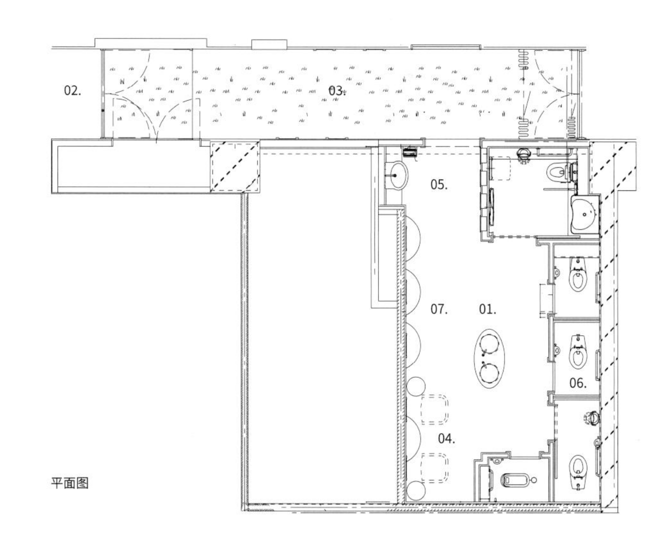

平面图

04. 单人隔间与盥洗池（女士洗手间）

05. 展示柜

06. 单人隔间（女士洗手间）

07. 化妆角（女士洗手间）

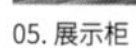

Shopping Center

安静的洗手间

地点：Piole 姬路　地下 1 层
兵库县姬路市站前町 188-1

建筑面积：约 40 ㎡

设计公司：INTER.L
施工公司：竹中工务店　JV

设计说明：
这是一所便捷、舒适的顾客专用洗手间。piole 姬路一直致力于完善洗手间设计，不断更新设备功能。在选用洗手间用品和照明时，均要求参照和结合各门店的环境特点和设计理念。piole 姬路尤其重视为女性顾客和带孩子的顾客，为她们提供方便使用的洗手间，这所女士洗手间中共设有 53 个单人隔间，有效缓解了人多拥挤的问题。

01. 化妆角（女士洗手间）

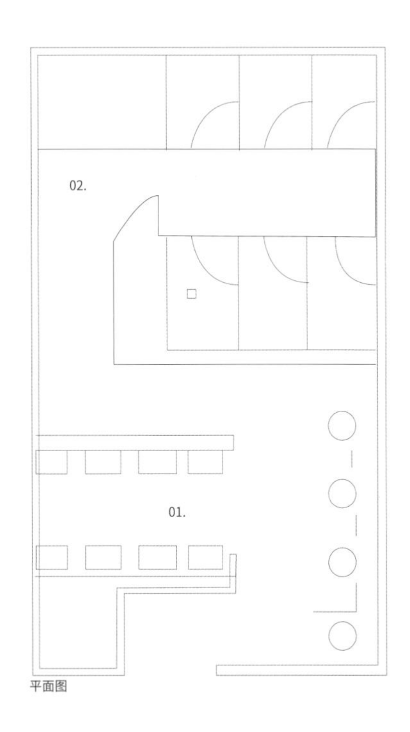

平面图

02. 单人隔间（女士洗手间

Shopping Center

使人心情放松的洗手间

地点：Solaria Plaza　3 层男士洗手间
福冈县福冈市中央区天神 2-2-43

建筑面积：82 ㎡

设计公司：AIM 创意
施工公司：AIM 创意

设计说明：
这所洗手间因空间较为狭窄，设计时放弃了华而不实的“主题乐园”风格，转而通过尽可能制造“惊喜”，为顾客留下深刻印象。例如这里安装了许多人体感应器，当有人站在小便器前时，顶棚上的反光球便会转动起来，给人以新奇体验。通过精心设计的照明设计，让洗手间中摆放的观叶植物如同沐浴在阳光之下，带给人身处起居室般的舒适与宁静。

平面图

01. 男士洗手间

Airport

Gallery TOTO 东陶“画廊型”洗手间

地点：成田国际空港 第 2 旅客航站层“Narita Sky Lounge”
千叶县成田市古入 1-1

建筑面积：约 145 m²

设计公司：Klein Dytham architecture（KDa）
室内设计：TOTO Engineering
施工公司：TOTO Engineering、丹青社
摄影：成田国际机场

设计说明：
这里是机场与东陶（TOTO）株式会社（以下简称“TOTO”）合作建造的洗手间，旨在向世界传播日本的洗手间文化和技术实力，被称为“画廊型洗手间”。洗手间由著名建筑师 Klein Dytham architecture（KDa）设计，并于 2015 年 9 月获得“日本洗手间大奖赛”的奖项。洗手间利用影像显示装置营造出高品位的艺术空间享受。此外，还配有最先进的 TOTO 机器设备，让顾客能够亲身体验日本洗手间的优越之处。这里具有崭新的风格特点，不同于传统的机场洗手间。

01. 入口

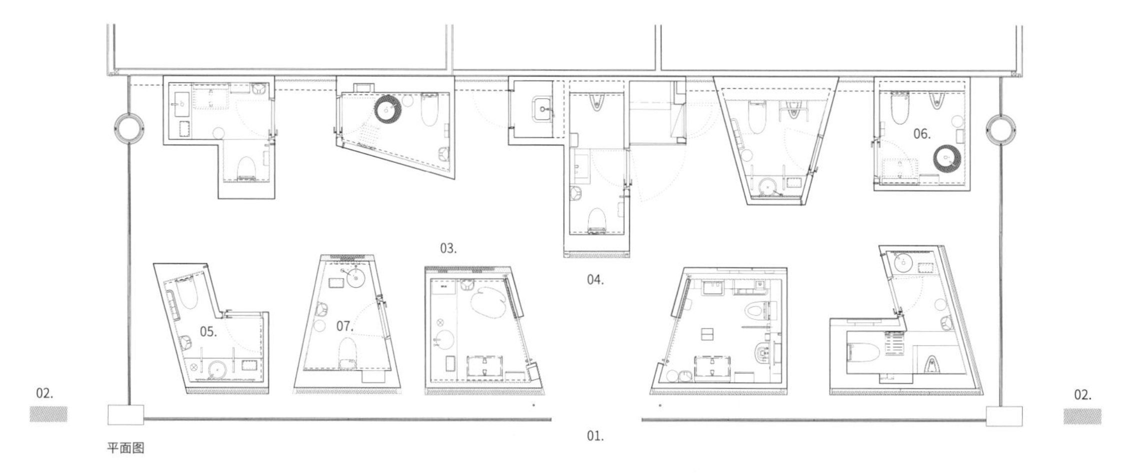

平面图

02. 标志

03. 艺术作品（女士洗手间）

04. 入口

05. 单人隔间（女士洗手间）

06. 单人隔间（男士洗手间）

07. 单人隔间（女士洗手间）

Shopping Center

都市中的舒适洗手间

地点：大丸东京店
东京都千代田区丸之内 1-9-1

建筑面积：1338.8 ㎡

设计公司：设计事务所 Gondola
施工公司：J. Front 建装

设计说明：
这所洗手间是位于都市中的一处舒适空间，是供顾客在购物间隙小坐休息的“绿洲”。在这座拥有 13 层楼的建筑中，设计者结合每层楼的特点，共设计出 26 所风格各异的男女洗手间。

01. 小便区（男士洗手间）

02. 盥洗池（男士洗手间）

03. 入口

04. 盥洗池

05. 小便区（男士洗手间）

06. 女士洗手间

07. 化妆角（女士洗手间）

08. 盥洗池（女士洗手间）

09. 化妆隔间（女士洗手间）

Service Area

豪华客船风格的洗手间

地点：东京湾高速公路 海萤停车场
千叶县木更津市中岛附近

设计说明：
东京湾高速公路海萤停车场开放于 1997 年 12 月，2009 年为适应商业设施需求进行翻新，其中位于 4 层饮食、商品销售集中区域的洗手间也同时接受了改造。新洗手间旨在充分利用占地特点，营造出置身豪华客船般的休闲享受，让每位顾客都能满意。

01. 入口
这种圆筒状的指示标志在日本高速公路公司（NEXCO）设施中尚属首创，遵循立体透视规则排列的原则。为使入口显得更加宽敞，施工时加高了顶棚，同时把入口宽度拉到最大，有效避免了其他公共洗手间入口常有的闭塞感。

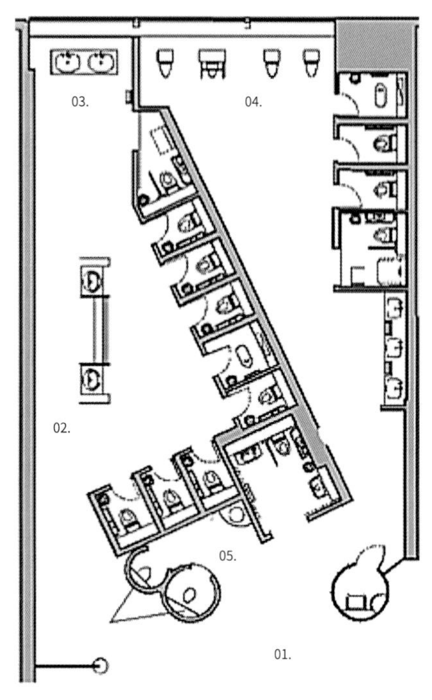

平面图

02. 女士洗手间
这所洗手间给人以置身豪华客船般的休闲享受。通过设置斜墙、增加单人隔间数量，实现了对有限空间的充分利用。洗手间中央设有格调高雅的盥洗区域，化妆角装有大型全身镜。

03. 盥洗池（女士洗手间）
面向东京湾、令人感到神清气爽的女士盥洗区域。

04. 小便区（男士洗手间）
小便器位于在面向东京湾的窗台之下，眼前是一望无际的大海，令人感到好像置身于豪华客船之中。通过设置斜墙和沿墙安装间接照明，引导使用者在走进洗手间入口。

05. 儿童洗手间
儿童专用洗手间旨在培养孩子们的独立能力。洗手间被设计成可爱的圆筒状，墙表面绘有身高表，能够增加亲子互动。

Shopping Center

独享开放感的洗手间

地点：JR 塔瞭望室 T38 北海道札幌市中央区北 5 条西 2 丁目 5 番地　JR 塔 38 层

建筑面积：约 16 ㎡

设计公司：设计事务所 Gondola

设计师：小林纯子

设计说明：

这所洗手间的设计理念是“独自享受压倒性的开放感”。瞭望室北角设有男士洗手间，顾客可以在方便时眺望远方风景。JR 塔瞭望室能够让您在 160 米的高处俯瞰札幌全景，是一处不容错过的观光胜地。

01. 小便器（男士洗手间）

02. 入口（男士洗手间）

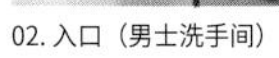

03. 盥洗池

04. 展望地区

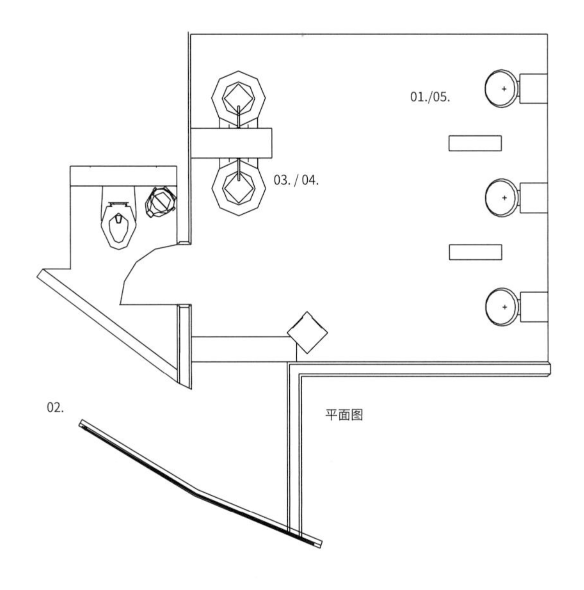

05. 站在小便区能够看到的夜景

01. 入口

02. 单人隔间（男士洗手间）

03. 单人隔间（男士洗手间）

Shopping Center

环游式洗手间

地点：博多 Deitos　B 区男士洗手间
福冈县福冈市博多区博多站中央街 1-1

建筑面积：约 44 ㎡

设计公司：设计事务所 Gondola
施工公司：铁建建设

设计说明：
这所洗手间位于白天是土特产商店和快餐店、晚上是酒吧的地方。设计理念是“常来常往的洗手间”和“寻常却又不寻常的事”。对于这所“环游式”洗手间三五成群的常客们来说，每次前来，都能在日常司空见惯的生活中体验到一些不寻常的新鲜感。相信很多男士都有过“对着电线杆小便”的经历，实际上这正是日常生活中诸多“寻常却又不寻常”的事情之一。这所洗手间经过对小便器外观的精心设计，高度“还原”了这件日常生活中的趣事。另外，不同于普通洗手间一字排开的布局，这里有意将小便器排列成得三三两两，突显独特的幽默感。

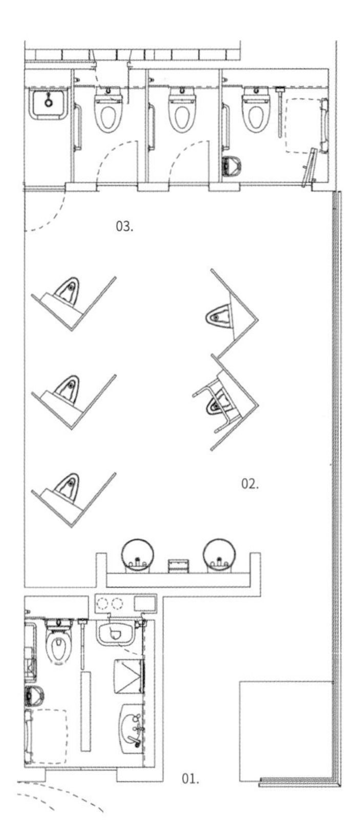

平面图

Service Area

绿洲般的洗手间

地点：新东名高速公路　Neopasa 清水
静冈县静冈市清水区小河内 998-27

建筑面积：
576.4 ㎡（上行方向）、765.6 ㎡（下行方向）

设计公司：浦野设计、高桥建筑都市设计事务所、
设计事务所 Gondola
施工公司：田中建设

设计说明：
Neopasa 清水位于静冈市（人口约 70 万人）清水区，是一座上下行方向共享的停车场。设计理念是“汽车上的生活”和“促进交流的停车场”。
位于高速公路服务区、停车场休息区的洗手间与普通公共洗手间不同：一旦驶入高速公路，直到找到下一个出口的休息站之前人们都无法上洗手间。因此，洗手间质量的好与坏，将会对使用者带来直接影响。在设计 Neopasa 清水停车场的洗手间时，努力做到了快捷、便利、美观，将洗手间打造成高速公路旁的“绿洲”。
与东名高速公路路况类似，一到周末或旺季，新东名高速公路的休息站很容易排起长队。为解决这一问题，在总结使用情况问卷调查和使用者的特点后，找出上洗手间排长队的原因，为此，公司开发出一套确定最佳便器数量的理论。设计师不断改良空间布局设计，提高空闲隔间利用率，最终解决了排长的队问题。

01. 女士洗手间

02. 男士洗手间

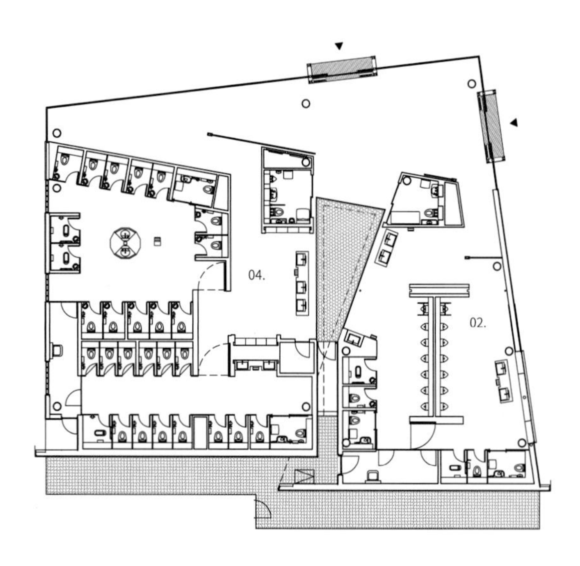

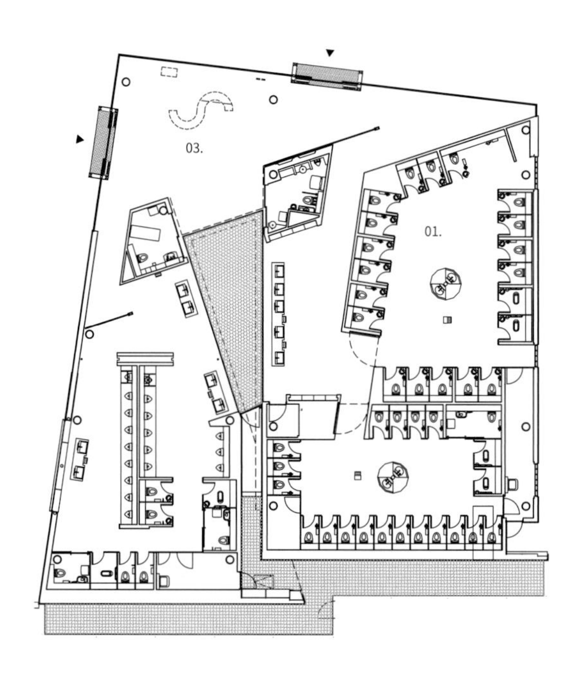

平面图

03. 入口

04. 盥洗池（女士洗手间）

淀屋桥新貌（Yodoyabashi Nouveau）

地点：大阪市交通局　御堂筋线　淀屋桥站
大阪府大阪市中央区北滨 3-6-14

建筑面积：约 140 ㎡

设计公司：大阪市交通局铁道事业本部建筑部建筑施设课、ZYCC
施工公司：Kosen 建设

设计说明：
大阪市交通局将“热情接待与促进交流”作为车站洗手间翻新工作的指导方针。为了让旅客对车站洗手间留下好印象，淀屋桥站致力于为所有旅客提供功能齐全、轻松舒适的洗手间，并以此作为连接车站与城市街道的“桥梁”。
本站洗手间改造主题为“淀屋桥新貌”（Yodoya-bashi Nouveau）。作为车站站名的“淀屋桥”建于巴黎风格大放异彩的时代，如今已是城市地标之一。为使这处大的城市象征与车站中洗手间这一小的象征相结合，设计时充分借鉴了新古典主义与现代派的“新艺术派运动”风格。考虑淀屋桥“不过度装饰，追求恰到好处的精致和优美”的设计精髓，“淀屋桥新貌”洗手间尝试在细节中融入复古设计，显示出精致、明快的城市空间特色。

01. 入口
立面处注重在细节处增加复古设计，展现淀屋桥明快的都市风情。一旁设有供旅客等候和休息的长椅。

02. 标志（男士洗手间）
翻新后的洗手间统一布置了欢迎光临标志（即“鞠躬人物”图案），对旅客的到来表示热烈欢迎。

03. 标志（多功能洗手间）

04. 标志（女士洗手间）

05. 化妆角与盥洗池（男士洗手间）

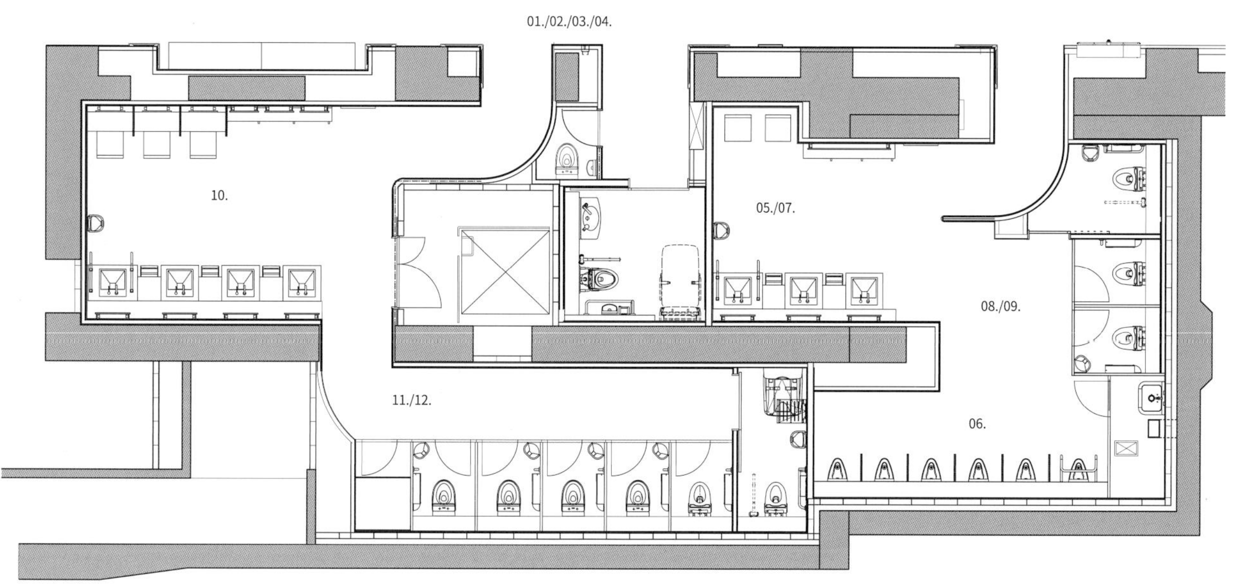

平面图

06. 小便区（男士洗手间）

07. 盥洗池（男士洗手间）

08. 单人隔间（男士洗手间）

09. 单人隔间（男士洗手间）

10. 单人隔间、盥洗池与化妆隔间（女士洗手间）
菱形瓷砖和典雅色调的木纹表现出优美的女性专属空间。坐式化妆角的椅子十分时髦，梳妆镜带有 LED 灯泡，能够把脸映照得更加美丽。考虑隐私需要，化妆台之间用玻璃相互隔开。为防止洗手后水流满地，盥洗池之间装有烘手机，其背面可以放置随身物品或背包。

11. 更衣室（女士洗手间）

12. 单人隔间（女士洗手间）
连续的拱门设计惹人怜爱。充分利用顶棚较高的优势设计拱顶，使空间显得既宽敞又美观。

Service Area

价值 600 多万人民币（1 亿日元）的洗手间

地点：大任樱花街道
福冈县田川郡大任町大字今任原 1339

建筑面积：1853.68 ㎡

设计公司：Raymond 设计事务所
施工公司：飞岛建设
策划：大战温调

设计说明：
早在这处道路驿站的构思阶段，设计者就对洗手间异味大、尿渍清理不及时等卫生问题，以及洗手间远离游客服务中心、土特产商店可能造成使用不便等情况做了充分考虑。为妥善解决这些难题，团队专程前往一些一流宾馆和公寓考察，为这处道路驿站建设的“价值 600 多万元（1 亿日元）的洗手间”做足了调研准备工作。
公司经理根据市场调查结果，得出了“人们更喜欢漂亮豪华的洗手间”这一结论。因此，为了与其他地方的道路驿站拉开差距，设计洗手间时更加注重突出“豪华”质感，努力将其打造成为“价值 600 多万（1 亿日元）的洗手间”。同时，这所洗手间聘请了 4 名保洁人员，以“时刻在打扫”的精神，保持洗手间的高度清洁。

01. 盥洗池（女士洗手间）
前方墙壁上流淌着瀑布。

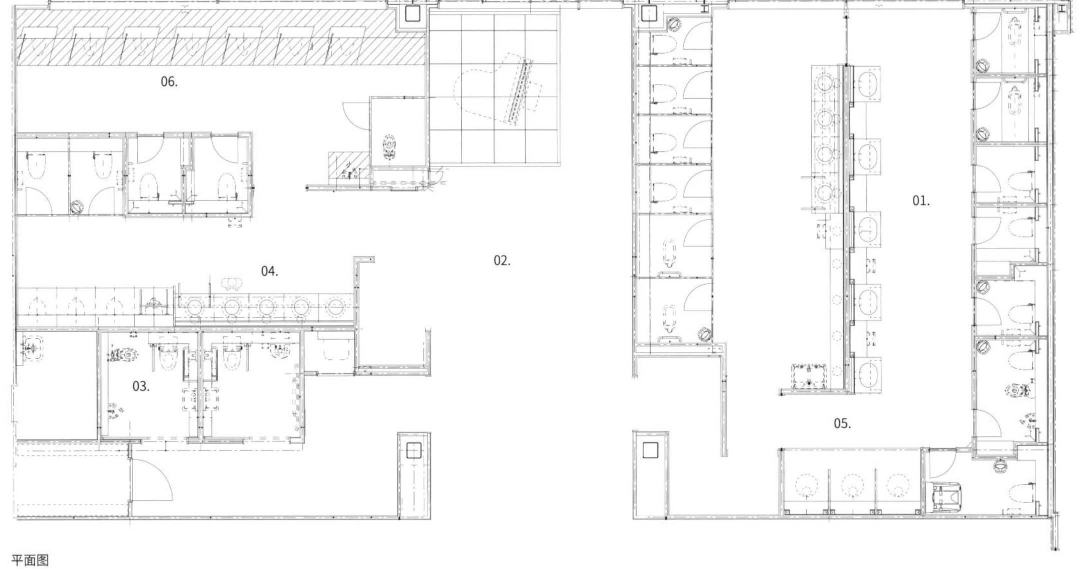

平面图

02. 入口
设有一台大型钢琴。

03. 多功能洗手间

04. 盥洗池（男士洗手间）
使用陶瓷盥洗池。

05. 化妆隔间（女士洗手间）

06. 小便区（男士洗手间）

Service Area
豪华的洗手间

地点：刈谷高速公路休息站
爱知县刈谷市东境町吉野 55 番地

建筑面积：442.19 m²

设计公司：鹈饲哲也设计事务所
施工公司：KAKITSUBATA 共同企业体

设计说明：
对于大多数使用者来说，使用洗手间是其前往高速公路休息站的主要目的。因此，高速公路休息站的洗手间不应仅局限于为旅客提供方便场所，还应使旅客在其中得到放松和休息，这也是刈谷高速公路休息站的设计理念。
女性专用区域不仅采用了精致的室内装饰，功能设施也十分全面。这里有“亲子隔间”，供母亲们哺乳和更换尿布，也有女性专用的化妆室。另一方面，男士专用区域中则采用了炫酷时髦的装修风格，为长时间保持驾驶姿势的旅客提供一处转换心情的空间。

01. 女士洗手间
地板上铺有地毯，墙壁选用色彩明亮的木料，沙发摆放在中间区域。华丽的女士洗手间让人如同置身异度空间。

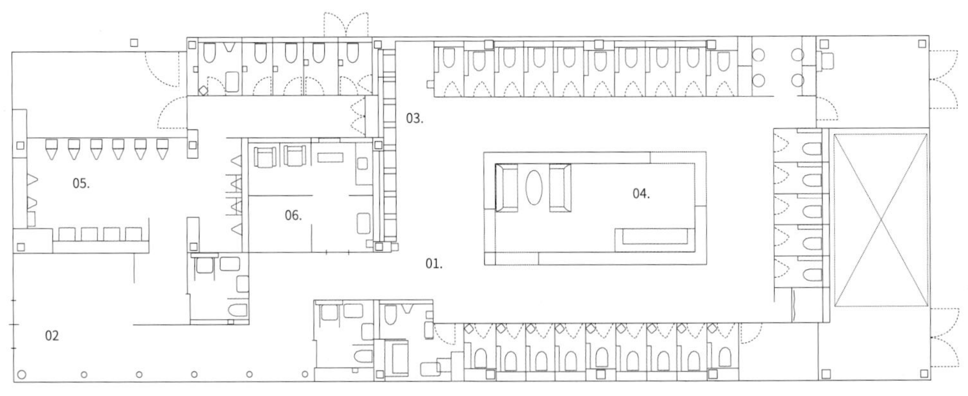

平面图

02. 入口
共享入口处挂着刈谷市名胜“小堤西池的燕子花海”的照片。

03. 盥洗池（女士洗手间）
由花岗岩制成的盥洗池与华丽的室内装饰相得益彰。

04. 休息区（女士洗手间）

05. 男士洗手间
男士专用区域的设计强调金属质感。这里摆放的微型盆景是当地高中生的园艺作品。

06. 哺乳室
这里被称为“亲子隔间”，供母亲们哺乳和更换尿布。尿布更换台上方设有电视，用来吸引婴儿的注意力。

Shopping Center

Relaqua

专为女性准备的化妆室

地点：Lucua　4 层
大阪府大阪市北区梅田 3-1-3

设计公司：乃村工艺社
施工公司：大林组 JV

设计说明：
这所位于 4 层的女士专用洗手间“Relaqua”，旨在为女性提供一处舒适和美丽的特别的休息室。在设计之初，4 名女性员工（现为 6 名）专门为此成立了“提升 Relaqua 品质委员会”，负责征集意见，推动这所洗手间顺利建成。“Relaqua”旨在为来到 Lucua 大厦购物的顾客们提供一处放松心情、排解压力的空间。为方便顾客摆放行李，单人隔间设计得十分宽敞。这里还有供顾客坐下来补妆的化妆室，并安装有三面镜等设施。此外，这所洗手间中还备有香熏，可根据墙面绿化和季节调整香型。

01. 入口（女士洗手间）

02. LOGO 标志

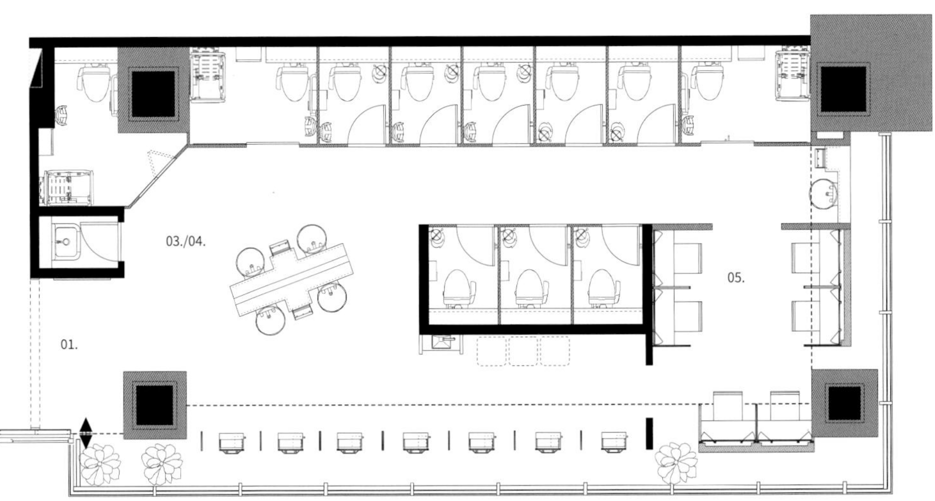

平面图

03. 女士洗手间

04. 化妆角与 盥洗池（女士洗手间）

05. 化妆隔间（女士洗手间）

Shopping Center

华丽的女士洗手间

地点：Colette · Mare　2 层
神奈川县横滨市中区樱木町 1 丁目 1-7

设计说明：
这是位于 2 层女士时尚服饰和珠宝专区的女士专用洗手间。墙面上装饰着花纹图案，在明亮温暖的灯光下，显得富丽堂皇和女人味十足。为给顾客留下一份好印象，这所洗手间里设有宽敞的化妆室、哺乳室和大型更衣室。大型更衣室对于出门在外的人十分方便，顾客可以在这里试穿刚买的衣服。

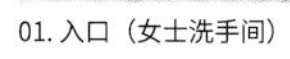
01. 入口（女士洗手间）

02. 盥洗池（女士洗手间）

03. 化妆室（女士洗手间）

04. 化妆隔间（女士洗手间）

05. 化妆角（女士洗手间）

06. 哺乳室

07. 更衣室

Shopping Center

女性专用休息室

地点：Colarful-Town 岐阜　2 层
岐阜县岐阜市柳津町丸野 3-3-6

设计公司：设计事务所 Gondola
施工公司：清水建设

设计说明：
这所洗手间位于“Colarful-Town 岐阜”，2015 年随商业中心一并翻修，翻修后改为女性专用。这里相比以前更加宽敞干净，能够为女性顾客带来便利。翻修后，顶棚能够释放出纳米水离子，化妆角已被完全独立。管理方根据季节的不同更换保鲜花和香熏，为女性顾客带来视觉、嗅觉等感官享受。此外，这所洗手间还与隔壁大型婴幼儿游乐室相通，连接处设有儿童洗手间，可供大人与孩子共同使用。

01. 入口

02. 标志（女士洗手间）

03. 标志（女士洗手间与儿童洗手间）

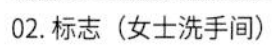

04. 单人隔间与盥洗池（女士洗手间）

05. 儿童洗手间

06. 化妆隔间（女士洗手间）

Shopping Center

前卫主义与古典主义相结合的洗手间

地点：
京王圣迹樱之丘购物中心 B 馆　8 层
东京都多摩市关户 1-10-1

设计说明：
这所位于餐厅区域楼层的洗手间，设计理念是“前卫主义与古典主义的融合”，在表现出简洁和富有新颖创意特点的同时，突显出高雅的品位格调。在以黑与红为基调的雅致空间中，玫瑰、闪亮装饰和盆栽等个性元素相互融合，营造出一处新颖的“W.C”空间。

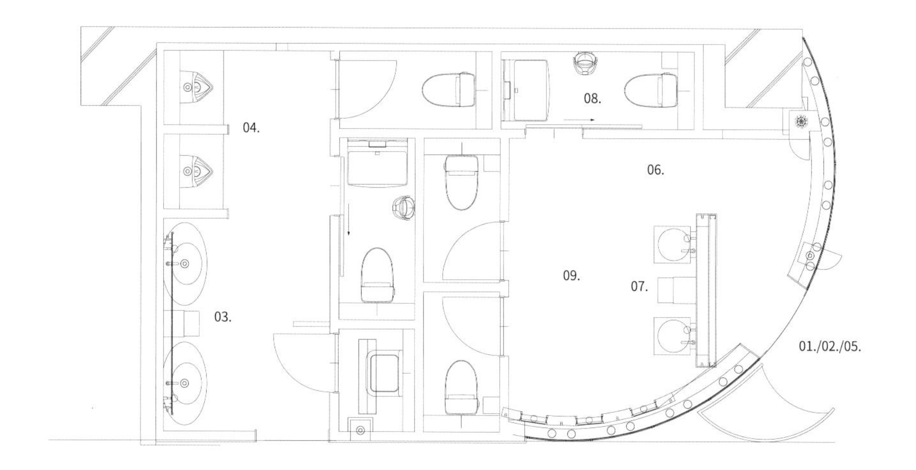

平面图

01. 入口（女士洗手间）

02. 婴儿床

03. 盥洗池（男士洗手间）

04. 小便区（男士洗手间）

05. 入口

06. 女士洗手间

07. 盥洗池（女士洗手间）

08. 单人隔间（女士洗手间）

09. 艺术作品（女士洗手间）

Shopping Center

美食城的洗手间

地点：Colarful-Town 岐阜　1 层
岐阜县岐阜市柳津町丸野 3-3-6

设计公司：设计事务所 Gondola
施工公司：清水建设

设计说明：
这所洗手间的设计理念是"建造让所有女性倍感舒适的空间"。高品质的内部装修和每周更换的插花作品，为走进这里的女性顾客带来视觉等感官享受，帮助每日忙于育儿和工作的女性找回属于自己的时间，以全新的心情享受购物和美食的快乐。2011 年翻修时，这里增设了单人隔间，有效缩短了顾客等待时间，使用便利性相应提升。

01. 女士洗手间

02. 化妆角与 圆洗池（女士洗手间）

03. 男士洗手间

04. 入口

05. 标志（多功能洗手间）

Shopping Center

时尚而宁静的洗手间

地点：Vioro 7层
福冈县福冈市中央区天神 2-10-3

建筑面积：约 41 ㎡（7层）※ 各楼层不同

设计公司：乃村工艺社
施工公司：竹中工务店

设计说明：
稍显昏暗的环境突显出这里的高雅与精致。为提升使用便利性，部分女士洗手间中设有更衣踏板和婴儿床。为使空间在视觉上显得更加宽敞，一些楼层的洗手间中还装有大型的镜子。相信所有来到这里的使用者，都能在使用时感受到便捷、时尚和宁静。

01. 化妆角（女士洗手间）

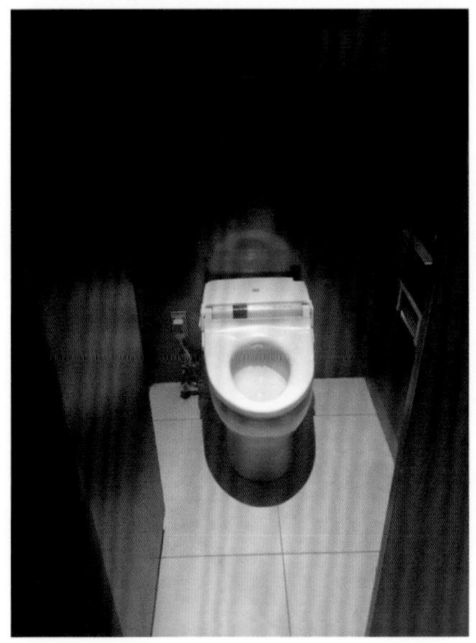

02. 单人隔间（女士洗手间）

03. 化妆隔间（女士洗手间）

04. 入口（女士洗手间）

INDEX

本书收录的洗手间 / 按所在地排序

本书收录的洗手间 / 按所在地排序

- 购物中心 -

- 高速服务区 -

- 火车站、地铁站 -

- 游戏中心 -

- 机场 -

- 公共区域 -

图书在版编目(CIP)数据

公共洗手间的创意设计 / (日) 阿尔法图书编 ; 雷光程译. — 武汉 : 华中科技大学出版社,2017.9
ISBN 978-7-5680-2842-4

Ⅰ. ①公… Ⅱ. ①阿… ②雷… Ⅲ. ①公共建筑－卫生间－室内装饰设计－日本－图集 Ⅳ. ①TU24-64

中国版本图书馆CIP数据核字(2017)第104652号

公共洗手间的创意设计
GONGGONG XISHOUJIAN DE CHUANGYI SHEJI

[日] 阿尔法图书　编
雷光程　译

出版发行：华中科技大学出版社（中国·武汉）　电话：（027）81321913
武汉市东湖新技术开发区华工科技园　邮编：430223
出 版 人：阮海洪

责任编辑：尹　欣　　责任监印：秦　英
责任校对：杨　睿　　装帧设计：张艾米

印　　刷：深圳市和谐印刷有限公司
开　　本：965mm×1270mm　1/16
印　　张：13.5
字　　数：108千字
版　　次：2017年9月第1版第1次印刷
定　　价：228.00元

投稿热线：(010)64155588-8000
本书若有印装质量问题，请向出版社营销中心调换
全国免费服务热线：400-6679-118　竭诚为您服务